「健全な水循環」に関するロゴマークについて

　「水の日」記念行事の「水を考えるつどい」（平成27年8月1日開催）において、「健全な水循環」に関するロゴマークの発表が行われた。
●応募総数1,457作品の中から審査の結果、最優秀賞1編、優秀賞4編が決定
●主催：内閣官房水循環政策本部事務局、水の週間実行委員会

ロゴマークに込めた作者の想い
「永遠の循環を表す無限（∞）のマークと、雫のフォルム、そして水に対する親しみと身近さを表す笑顔を組み合わせました。」

目次

※本書に記載した地図は、我が国の領土を網羅的に記したものではない。

令和5年版水循環白書について

特集　水循環の取組の新たなフェーズ〜流域マネジメントを中心に〜

第1節　新たなフェーズに入った水循環の取組の動向

■ 流域マネジメントの基本方針等を定める「流域水循環計画」は、69計画まで増加。
■ 水循環を取り巻く環境の変化に伴う新たな課題への取組、地域振興や地域づくりを課題に置いた取組、多数の地方公共団体等が主体的に参画・連携する取組等が展開されるなど、水循環の取組が新たなフェーズに突入。

合計69計画

提出機関	計画名
令和5年3月公表	
館林市	第三次館林市環境基本計画の一部
相模原市	第2次相模原市水とみどりの基本計画・生物多様性戦略
厚木市	第5次厚木市環境基本計画の一部
大府市	第3次大府市環境基本計画の一部
品川区	品川区水とみどりの基本計画・行動計画 改定
令和4年8月公表	
宮城県	南三陸海岸流域水循環計画
宮城県	阿武隈川流域水循環計画
にかほ市	にかほ市水循環基本計画
高砂市	第2次高砂市水循環基本計画改訂版の一部
福島県	「水との共生」プラン 改定
千葉県	印旛沼流域水循環健全化計画・第3期行動計画 改定
安曇野市	安曇野市水環境基本計画・同行動計画 改定

流域水循環計画の全国MAP　令和4年度に公表した流域水循環計画

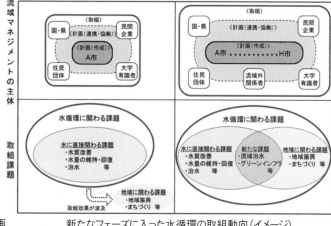

新たなフェーズに入った水循環の取組動向(イメージ)

---

① 水循環を取り巻く課題の変化への対応

• 流域治水など近年の施策を踏まえた取組(福島県)

福島県の例

• 頻発化、激甚化する水災害への対応など近年の水循環を取り巻く課題に対応するため、既存の流域水循環計画を改定。
• 計画では、水災害リスク等を踏まえた地域の整備方針の検討、適切な避難行動の普及、定着等、流域に関わるあらゆる関係者が協働する流域治水の取組等を推進。

流域治水のイメージ

---

② 地域振興や地域づくりを中心的な課題に置いた取組

• 地域振興や地域づくりのため、水循環を地域資源として掘り起こして活用した取組(東京都八王子市)

八王子市(東京都)の例

• 八王子市は流域水循環計画に基づき、浅川の河川空間を活用。
• 近年では「八王子水辺活動チャレンジ"ミズカツ"」と称して、ブランド化を目指しつつ、キッチンカーの出店、アウトドアグッズの物販など、民間の活力等も活用したイベントを開催し、多くの市民等が参加。

"ミズカツ"のイベント

---

③ 多数の地方公共団体が主体的に参画・連携する枠組みの構築

• 多数の地方公共団体が主体的に参画・連携して流域水循環協議会を設置した取組(長野県佐久地域)

佐久地域(長野県)の例

• 地下水の保全には、地下水盆を共有する自治体が連携して取り組む必要があることから、地下水等水資源の保全を目的に、12市町村からなる佐久地域流域水循環協議会を設立し、流域水循環計画を策定。
• 同計画に基づき、行政、住民、団体等が一体となり、地下水を含む水循環の健全性の維持・回復等に関する取組を実施。

佐久地域12市町村

---

④ 若者や流域外の関係者との協働

• 自由な発想による水循環を活用した地域振興等を目的に、流域内外の若者などを流域マネジメントの主体として位置付ける取組(秋田県にかほ市)

にかほ市(秋田県)の例

• 流域内の高校生や秋田県、東京都の大学生がワークショップに参加し、水循環に関する構想を検討。この構想をベースに、流域水循環計画を策定。
• 計画策定後、水循環に関するシンポジウムに、流域内外の若者が参加。その他にも、若者からは伏流水を使った特産品のアイデアが提案されるなど、参画が継続。

若者が参画したワークショップ

第2節　健全な水循環の維持・回復に向けた取組に関する今後の展望

■ 新たな課題への取組や多様な主体の参画などによる流域マネジメントが横展開され、全国的に拡大することを期待。

↳ 先進事例の周知や「流域マネジメントの手引き」の改定等により支援。

政府が講じた水循環に関する施策

「水循環基本計画」の一部変更

- 令和3年6月の水循環基本法の一部改正を踏まえ、令和4年6月に、「地下水の適正な保全及び利用」の項目を新設するなど「水循環基本計画」の一部変更を実施。
- 本計画に基づき次の施策を実施。

第1章 流域連携の推進等 -流域の総合的かつ一体的な管理の枠組み-	第6章 民間団体等の自発的な活動を促進するための措置
第2章 地下水の適正な保全及び利用	第7章 水循環施策の策定及び実施に必要な調査の実施
第3章 貯留・涵養機能の維持及び向上	第8章 科学技術の振興
第4章 水の適正かつ有効な利用の促進等	第9章 国際的な連携の確保及び国際協力の推進
第5章 健全な水循環に関する教育の推進等	第10章 水循環に関わる人材の育成

地下水の適正な保全及び利用の取組事例

- 令和5年3月に地下水マネジメント推進プラットフォームを立ち上げ。
- 地下水の適正な保全及び利用を図るため、地下水マネジメントを推進する地方公共団体の取組を支援。

先進的な取組事例
・協議会設立状況
・条例策定状況

支援ツール
・アドバイザー派遣
・地下水データベース

技術情報・論文
・法制度、手引等
・論文、データ

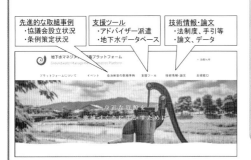

「地下水マネジメント推進プラットフォーム」のポータルサイト

地下水マネジメント推進プラットフォーム

関係府省庁、先進的な取組を行っている地方公共団体等の公的機関、大学、研究機関、企業、NPO等が参画し、地域の地下水の問題を解決するため、関係者の協力の下、地下水マネジメントに取り組もうとする地方公共団体へ適切な助言を行うなど一元的に支援する。

相談窓口の設置	ポータルサイトによる情報提供
相談窓口を設置し、関係省庁、先進的な取組を行っている地方公共団体等の幅広い知見等を紹介する。	情報を一元的に得ることができるポータルサイトを設置し、基礎的な情報、代表的な地下水盆の概況、条例策定状況、地下水データベースの紹介等を行う。
アドバイザーの派遣	ガイドライン等に関する情報提供・内容の充実
水循環アドバイザーの制度を活用し、地方公共団体等の課題に応じたアドバイザーの紹介、派遣を行う。	地下水に関するガイドライン等を紹介するとともに、プラットフォームの活動を通じて得た知見を活用して内容の充実を図っていく。

地下水マネジメント研究会

課題の解決の方向性を見いだすことを支援するため、地下水に関する基礎的な知識を提供するとともに、先進的に取組を進めている地方公共団体の経験、ノウハウや、大学、研究機関、企業、NPOなどの多様な主体の知見等を提供し、意見交換を行う。

相談 ⇓　　　支援 ⇓

地下水マネジメントに取り組もうとする地方公共団体

「地下水マネジメント推進プラットフォーム」の活動

国際連携の取組事例

第4回アジア・太平洋水サミット

- 令和4年4月に熊本市で第4回アジア・太平洋水サミットが開催。
- 開会式には、天皇皇后両陛下がオンラインにて御臨席になり、天皇陛下はおことばを述べられ、記念講演を行われた。
- 首脳級会合では、質の高いインフラ整備等による日本の貢献策として「熊本水イニシアティブ」を岸田総理から発表、また、水問題の解決等に向けた参加国首脳による共同決意声明である「熊本宣言」を採択。

国連水会議2023

- 令和5年3月に国連本部で国連水会議2023が開催。
- 全体討議では、日本のコミットメントとして「熊本水イニシアティブ」により世界の水問題に貢献していくこと、日本の知見・経験を共有することを通じて健全な水循環の維持・回復に貢献することを上川総理特使から表明。
- テーマ別討議3「気候、強靱性、環境に関する水」では、上川総理特使が共同議長として、セッションの議論を主導。日本の水防災の経験を活かし、世界における水分野の強靱化に向けた共同議長提言をとりまとめ。

第4回アジア・太平洋水サミット
開会式でおことばを述べられる天皇陛下

第4回アジア・太平洋水サミット
首脳級会合で基調講演をする岸田総理

国連水会議2023 テーマ別討議3の
共同議長報告をする上川総理特使

特集

水循環の取組の新たなフェーズ
～流域マネジメントを中心に～

特集 水循環の取組の新たなフェーズ 〜流域マネジメントを中心に〜

　水循環をめぐっては、平成26年に施行された「水循環基本法（平成26年法律第16号）」に基づき、健全な水循環の維持又は回復に向けた取組を推進することとされ、平成27年策定の「水循環基本計画（平成27年7月10日閣議決定）」において示された「流域マネジメント[1]」の考え方にしたがって、水循環に関する施策の総合的かつ一体的な推進を図ることとされた。その後、令和2年6月に最初の変更が行われた同計画では、流域マネジメントの更なる展開と質の向上を図る取組を推進することとされている。

　このような政策動向を受け、各流域の流域マネジメントの基本方針等を定める「流域水循環計画」の公表数[2]は、平成28年1月時点の17計画から令和5年3月時点の69計画まで増加し、流域マネジメントに取り組む地域が広がりを見せている（図表特−1、2）。そして、これらの中には、水量の回復や水質の改善など水に直接関わる課題に対する取組成果に加えて、市民の環境意識醸成等の効果があったとの声が聞かれる地域も出てきている。

　一方、近年、水循環を取り巻く課題の変化への対応、地域振興や地域づくりを中心的な課題に置いた取組、多数の地方公共団体が主体的に参画・連携する枠組みの構築など地域の水循環を取り巻く状況に応じた様々な取組が新たに見られるようになってきた（図表特−3、4）。

　本特集では、このように新たなフェーズに突入した水循環の取組について、先行事例を交えながら近年の動向を示し、水循環に取り組む主体の裾野拡大やこれまでの取組の深化に向けたヒントを探り、今後の展望を述べることとしたい。

第1節　新たなフェーズに入った水循環の取組の動向

　水循環の取組について、近年、どのような動向が新たに見られるのか、先行事例を交えながら示していく。各地域における水循環の取組には、「水循環基本法」施行以前から独自の取組を進めてきたものや、同法施行を受けて流域水循環計画を策定して取組を進めているもの、更には水循環アドバイザー制度[3]の活用等により流域マネジメントに関する理解や地域の水循環の現状や課題を把握するための勉強から始めているものまで、その段階は様々である。これらの中から、ここでは流域マネジメントを進めるに当たって策定する流域水循環計画に着目し、同計画に基づく流域マネジメントの取組を中心に述べていくこととする。

1　「流域の総合的かつ一体的な管理は、一つの管理者が存在して、流域全体を管理するというものではなく、森林、河川、農地、都市、湖沼、沿岸域、地下水盆等において、人の営みと水量、水質、水と関わる自然環境を適正で良好な状態に保つ又は改善するため、流域において関係する行政などの公的機関、有識者、事業者、団体、住民などの様々な主体がそれぞれ連携して活動すること」（水循環基本計画）。
2　内閣官房水循環政策本部事務局による取りまとめ。
3　令和2年度に内閣官房水循環政策本部事務局が創設。

図表 特－1	流域水循環計画が策定されている地域

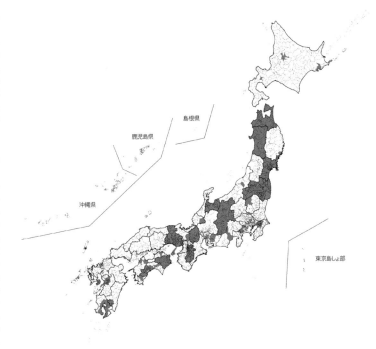

資料）内閣官房水循環政策本部事務局

図表 特－2	令和4年度に公表した流域水循環計画

令和5年3月公表

提出機関	計画名
館林市	第三次館林市環境基本計画の一部
相模原市	第2次相模原市水とみどりの基本計画・生物多様性戦略
厚木市	第5次厚木市環境基本計画の一部
大府市	第3次大府市環境基本計画の一部
品川区	品川区水とみどりの基本計画・行動計画　改定

令和4年8月公表

提出機関	計画名
宮城県	南三陸海岸流域水循環計画
宮城県	阿武隈川流域水循環計画
にかほ市	にかほ市水循環基本計画
高砂市	第2次高砂市環境基本計画改訂版の一部
福島県	「水との共生」プラン　改定
千葉県	印旛沼流域水循環健全化計画・第3期行動計画　改定
安曇野市	安曇野市水環境基本計画・同行動計画　改定

資料）内閣官房水循環政策本部事務局

| 図表 特－3 | 新たなフェーズのイメージ |

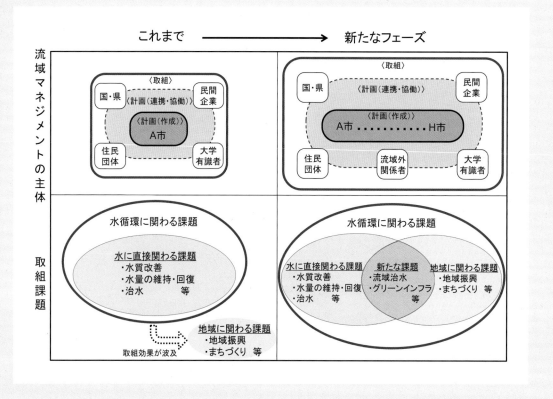

資料）内閣官房水循環政策本部事務局

| 図表 特－4 | 新たなフェーズに入った水循環の取組動向（主な例） |

水循環を取り巻く課題の変化への対応	・流域治水など地域の課題や施策を踏まえた取組 　（例：福島県） ・水循環に関わる理解醸成、防災・減災対策など地域の課題や施策を踏まえた取組 　（例：福井県大野市）
地域振興や地域づくりを中心的な課題に置いた取組	・民間の活力を活かしつつ、河川空間を活用した地域づくりの取組 　（例：東京都八王子市） ・地域で保全した地下水を、地域振興等に向けた地域資源として活用する取組 　（例：福岡県うきは市）
多数の地方公共団体が主体的に参画・連携する枠組みの構築	・複数の地方公共団体が主体的に連携して流域水循環協議会を設置した取組 　（例：長野県佐久地域）
若者や流域外の関係者との協働	・流域内外の若者などの主体が流域マネジメントに参画する取組 　（例：秋田県にかほ市） ・滞在者も巻き込んだ流域マネジメントの取組 　（例：栃木県日光市）

資料）内閣官房水循環政策本部事務局

（水循環を取り巻く課題の変化への対応）

　これまでの流域水循環計画においては、水質や水量等の水に直接関わる課題を抱えている地域が、その課題解決のために水質改善、貯留・涵養機能の確保等に取り組む事例が多く見られてきた。近年、このような取組に加え、気候変動の影響により頻発化・激甚化する水災害など新たな課題に対し、健全な水循環の維持・回復を図る取組の一環として、流域に関わるあらゆる関係者が協働して水災害対策に取り組む流域治水を重要な施策と位置付けて取り組む事例が見られる。さらに、住民が水に触れ合う機会の減少に伴う水に対する理解と意識の希薄化など、顕在化しつつある課題も含めて水循環に関わる課題に一体的に取り組む事例が見られる。

福島県

　福島県では、県下全域を対象とし、水質改善などによって健全な水循環を取り戻すため平成18年7月に策定した「「水との共生」プラン[4]」に基づき、「水にふれ、水に学び、水とともに生きる〜連携による、流域の健全な水循環の継承〜」を理念として、「水と人とのかかわりの再構築」、「流域を単位とした施策の総合的な展開」、「水管理体制の確立」という三つの柱の下、様々な施策を体系化して総合的・重点的に実施してきた。

　このような中、頻発化・激甚化する水災害への対応など近年の水循環を取り巻く課題へ対応する必要があること、関連計画と整合を図る必要があること等から、令和4年4月に同プランの改定[5]を行った。具体的には、頻発化・激甚化する水災害に対し、土地利用状況に応じた災害リスクや地域の意向等を踏まえた整備方針の検討、流域全体での治水対策や適切な避難行動の意識を高めるための取組の推進など、流域に関わるあらゆる関係者が協働して水災害対策に取り組む流域治水を推進することとしている（**図表特－5**）。

| 図表特－5 | 流域治水のイメージ |

資料）国土交通省

4　内閣官房水循環政策本部事務局で確認し、平成29年1月に流域水循環計画として公表。
5　内閣官房水循環政策本部事務局で確認し、令和4年8月に流域水循環計画として公表。

大野市（福井県）

　山々に囲まれた福井県大野市は古くから湧水が豊富で良質な地下水に恵まれた地域であるが、1970年代に入ると市街地での井戸枯れや湧水の枯渇が起きる。そこで、市では「大野市地下水保全管理計画（平成17年3月）」や流域水循環計画である「越前おおの湧水文化再生計画[6]（平成23年10月）」等を策定し、地下水涵養量増加を目的に水田湛水面積拡大などによる地下水保全・回復に取り組んできた。

　このような中、引き続き地下水保全・回復に取り組むことが重要であるとともに、市街地での安全性や利便性を重視した開水路の地中埋設等に伴う、市民が水に触れ合う機会の減少による水に対する理解と意識の希薄化や、頻発化・激甚化する水災害対策への備えなど顕在化した課題への対応が必要となった。そのため、上記の2計画を統合するとともに、課題を整理し対策をより具体的なものとして、令和3年2月に「大野市水循環基本計画[7]」を策定した。新たな計画では、水循環を一体的に捉え、「健全な水循環による、住み続けたい結のまちの実現」を基本理念とし、更なる水循環の健全化に向け、地下水の保全・回復に関わる取組の継続や、水循環に関わる環境教育や情報発信による理解醸成、治水施設の整備やハザードマップの利用促進による防災・減災対策など水循環に関わる取組を、行政、市民、団体等の多様な主体との連携と協力の下、総合的かつ一体的に推進することとしている（**写真特−1**）。

写真特−1　大野市内での水循環に関わる環境教育

資料）大野市

(地域振興や地域づくりを中心的な課題に置いた取組)

　近年では、地域資源としての豊かな水を保全・活用して地域振興や地域づくりに取り組む事例も見られる。その際に、湧水等の観光の対象となるような資源のみに着目するのではなく、水辺を地域活動の場として活用するほか、目に見えない資源である地下水を地域産品に活用してブランド化するなど、様々な工夫により各地域にある水循環の資源を掘り起こして地域振興や地域づくりのために活かす取組事例が見られる。

■ 八王子市（東京都）

　東京都八王子市では、水辺を活用した地域づくりに取り組んでいる。八王子市は、市の北側で多摩川と接し、多摩川の支流である浅川が市の中心部を流れており、浅川は、母なる川やふるさとの川として、市民に愛されている。八王子市内の河川の水質は、かつては環境基準を満たさないような状況であったが、公共下水道の整備等により平成20年には環境基準をほぼ達成した。このような状況を踏まえ、市民が水と良好な関係を築き続けることを目的に、平成22年3月に「八王子市水循環計画[8]」が策定されるとともに、新たに水循環に関する施策を横断的に取り扱う水循環部という組織が設置されて、水循環に関する取組が一体的に実施されることとなった。令和2年3月には、「第2次水循環計画[9]」が策定され、「人と水との良き環をつくり次世代へ水の恵みをつなげていく」といった基本理念の下、「健全な水循環系再生の4つの行動の推進」、「水循環に係るライフラインの整備」、「川と湧水・水のまちプロジェクト」という3つの方針に基づき、雨水浸透の促進や浅川を活用した地域づくり、豪雨対策等が進められている。

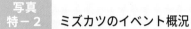

写真特-2　ミズカツのイベント概況

資料）八王子市

　特に令和4年度以降は、地域振興の観点から水循環のうち水辺に着目し、同計画の「川と湧水・水のまちのプロジェクト」の一環として、水辺の親水空間づくりを目的とした「八王子水辺活動チャレンジ“ミズカツ”」に取り組んでいる。“ミズカツ”では浅川に拠点を設け、民間の活力も活用し、キッチンカーの出店やアウトドアグッズ等の物販、水辺に近づいて水と親しんでもらうための礫河原を利用したたき火体験等を実施し、令和4年度に行われた3回（延べ3日間）のイベントでは延べ約8,000人が参加するなど好評を得ている（**写真特-2**）。今後も“ミズカツ”のブランド化を目指しつつ地域の活性化に向けた取組を行うこととしている。

8　内閣官房水循環政策本部事務局で確認し、平成29年1月に流域水循環計画として公表。
9　内閣官房水循環政策本部事務局で確認し、令和2年12月に流域水循環計画として公表。

■ うきは市（福岡県）

　福岡県うきは市は、地下水だけで生活用水を賄っている「水のまち」である。うきは市では、平成30年3月に策定した「第2次うきは市環境基本計画[10]」に基づき、地下水源の保全、地下水質の保全、上下水道等の整備を推進している。地下水源の保全については、水源涵養機能を有する森林の保全等に加え、ウェブサイト等による情報発信によって地下水保全意識の向上に努めることとしており、その一環として「うきはテロワール[11]」によるプロモーションが活用されている（**図表特－6**）。

　うきは市では、同市がフランスのワイン産地であるボルドーやアルザスに似た地質・地形を有していることから、同市の農業を取り巻く環境を「うきはテロワール」と名付け、商標登録を行い、プロモーションの展開を図っている（**写真特－3**）。この「うきはテロワール」では、「地形」、「気温」、「土壌」、「風」、「水」、「雨」、「地理」を7大自然要素とし、とりわけ豊かな地下水は良質な農作物を育てるために欠かせない要素の一つとされており、「うきはテロワール」のウェブサイトでは、地下水に関するパンフレット等も掲載されている。これらのプロモーションは、市民等の地下水保全意識の向上とともに、目に見えない地下水を地域資源として活用し、うきは産の農作物の高付加価値化に結び付け、地域振興にも貢献する取組となっている。

図表特－6　うきはテロワールのロゴ

資料）うきは市

写真特－3　うきはテロワールのPRイベント

資料）うきは市

10　内閣官房水循環政策本部事務局で確認し、令和3年3月に計画の一部を流域水循環計画として公表。
11　テロワールとは、生育地の地理、地勢、気候の特徴を指すフランスで生まれた言葉。

（多数の地方公共団体が主体的に参画・連携する枠組みの構築）

　流域を総合的かつ一体的に管理するためには、関係する行政などの公的機関、民間企業、団体、有識者、住民などの様々な主体が連携して活動する必要がある。これまで報告されていた流域水循環計画においては、単一の行政区域を単位（都道府県単位、都道府県内ブロック単位又は市区町村単位）とした計画が多く見られたが、流域内等に存する複数の地方公共団体が主体的に参画・連携して流域水循環協議会を設置し、流域水循環計画を策定・実施するアプローチが報告されている。

佐久地域（長野県）

　長野県佐久地域は、豊富な地下水に恵まれ、ほぼ全ての水道水を地下水に依存している。地下水は市町村の枠を越え、長い年月をかけて循環することから、地下水を保全するためには、地下水盆を共有する自治体が連携して取り組む必要がある。市町村の枠を越えた地域全体で目標を共有し、歩調を合わせて取り組むことは必ずしも容易なことではないが、佐久地域では古くから佐久盆地を中心とする文化圏・生活圏が形成され、地域の結び付きが強かったことを活かし、地域全体で地下水保全の取組が進められている。

　佐久地域では、地域内の12市町村と佐久水道企業団、浅麓水道企業団が連携し、地域の課題等について相互に情報交換を行い、地下水等水資源の保全の方策に関する研究等を行うことを目的に、平成23年6月に「地下水等水資源保全連絡調整会議」を設置した。平成23年12月には、地下水等水資源の保全に努める等の内容を定めた「佐久地域及びその周辺地域の地下水等水資源保全のための共同声明」を発表し、それぞれの市町村では地下水等水資源の保全に関する条例の整備等の取組を行ってきた。さらには、「水循環基本計画」において「流域マネジメント」の考え方が示されたことを受け、平成30年8月に12市町村から成る「佐久地域流域水循環協議会」が設立され、令和3年8月には「佐久地域流域水循環計画[12]」を策定し、地下水を含む水循環の健全性の維持・回復のための取組を、佐久地域の行政、住民、団体などが一体となり、地域全体で包括的に進めることとしている（**図表特－7、8**）。

| 図表特－7 | 佐久地域流域水循環計画 |

資料）佐久地域流域水循環協議会

| 図表特－8 | 佐久地域12市町村 |

資料）佐久地域流域水循環協議会

12　内閣官房水循環政策本部事務局で確認し、令和3年12月に流域水循環計画として公表。

（若者や流域外の関係者との協働）

　近年では、流域内だけでなく流域外の主体が、取組や計画策定に参画する事例が見られるなど、これまでにないアプローチやこれまで以上に多様な主体が連携した枠組みの下で流域マネジメントの取組が進められるようになってきている。

にかほ市（秋田県）

　秋田県にかほ市では、流域内外の若者の提案・参画が流域マネジメントの取組のきっかけとなっている。平成30年に、自由な発想による水循環を活用した地域振興等を目的に「若者がミズから描く未来検討会」が開催され、流域内の高校生だけでなく、流域外の秋田県や東京都からも学生が参加し、水循環に関する構想を主導的に検討した。ワークショップでは、水循環を活かし躍動するにかほ市を創造することを目指す「未来型水循環都市―にかほモデル」が提案され、令和4年3月に策定された「にかほ市水循環基本計画[13]」のベースとなっている（**写真特ー4**）。同計画では、地元の高校と東京都の大学との連携を継続することとしており、令和4年10月に開催された「ミズからにかほ2022〜めぐる水から探してみよう、わたしたちにできること〜」には、有識者に加え流域内の高校生や東京都の学生も参加し、地域振興に向けた水資源の可能性について意見交換等が行われた。その他にも、流域内の高校生から市に対して伏流水を使った特産品のアイデアが提案された際には、それらを広報紙で紹介するなど、若者の参画が継続している（**写真特ー5**）。

写真
特ー4　**ワークショップの開催概況**

資料）にかほ市

写真
特ー5　**「ミズからにかほ2022〜めぐる水から探してみよう、わたしたちにできること〜」の開催概況**

資料）にかほ市

13　内閣官房水循環政策本部事務局で確認し、令和4年8月に流域水循環計画として公表。

日光市（栃木県）

栃木県日光市では、国内外から多くの観光客が訪れるわが国有数の観光都市であることを踏まえ、滞在者も巻き込んだ取組が行われている。日光市では、平成22年2月に環境基本計画を策定して以降、豊かな自然や歴史・文化などを将来世代に継承していくため、水資源・水辺環境の保全、森林・里地里山の保全、自然とのふれあいづくりなどの様々な施策に取り組んできた。

しかしながら、少子高齢化と人口減少に伴い、豊かな自然環境や水環境を守る市民活動、ボランティア活動への参加者の減少が懸念されている。このような中、令和元年12月には第2次計画[14]が策定され、市民、事業者、滞在者に期待する取組が明確化された（図表特－9）。同計画では、滞在者に期待する取組として、自然とのふれあいや自然保護活動への参加等が位置付けられており、日光市では、これらを促進するため、滞在者や市民に向けた、環境学習ハンドブックの作成及び市ウェブサイトでの掲載や、環境保全活動推進の動画配信等を行っている。

図表
特－9　各主体の役割

資料）日光市

14　内閣官房水循環政策本部事務局で確認し、令和3年12月に計画の一部を流域水循環計画として公表。

前節では、流域水循環計画に基づく流域マネジメントの取組を中心に、新たなフェーズに入った水循環に関する取組の先行事例を紹介した。本節では、これらの事例を踏まえ、水循環に取り組む主体の裾野拡大やこれまでの取組の深化に向けた今後の展望を述べる。

（水循環を取り巻く課題の変化への適時的確な対応の推進）

新たな「水循環基本計画（令和2年6月16日閣議決定。令和4年6月21日一部変更）」においては、流域水循環計画の進捗と水循環の現状について適切な時期に評価を行い、必要に応じて流域水循環計画の見直しを行うよう努めることとされている。

気候変動の影響による水災害の頻発化・激甚化など新たな課題が顕在化する中で、各地域の実情や水循環を取り巻く課題を踏まえて、適切なPDCAの下で流域水循環計画の見直しを行っていくことがより重要となっており、前節で紹介したような、水循環を取り巻く課題の変化等に応じた不断の流域水循環計画の見直しの下、流域マネジメントに取り組むことが期待される。

しかしながら、現状においては水循環に関する施策の効果等を評価する手法が確立されておらず、各主体が試行錯誤しながら施策の検討や評価に取り組んでいるのが実情である。このため、内閣官房水循環政策本部事務局では、流域の水循環の健全性や取組を評価する手法の検討等を行っており、今後、本手法を流域マネジメントの取組の評価に活用することにより、施策がもたらす効果等を定量的に評価することが可能となり、より効果的・効率的に施策が展開されることが期待される。

（地域振興や地域づくりなど地域にもたらす効果に着眼した取組の推進）

水循環は、地域ごとの歴史、文化等を形成し、関連する産業を支え又は創出し、付加価値を生み出す貴重な地域資源となり得る。健全な水循環の維持・回復や地域振興などの目標を共有することにより関係者の連携強化が期待されるとともに、ブランド力の向上などによる地域活性化や資金調達も期待される。一方で、そのような地域資源が地域に存在するにもかかわらず、その存在や可能性に気付いていない地域も多いと思われる。そのため、地域振興や地域づくりに取り組む地域においては、水循環の資源を掘り起こして活用し、流域マネジメントに取り組むことが期待される。

（流域外を含む多様な主体が参画・連携する取組の一層の推進）

流域マネジメントは、河川の流域を中心に水が循環することに着目し、流域を総合的かつ一体的に管理するものであり、流域を俯瞰して多様な関係者が連携して取り組むことが求められる。

気候変動の影響による水災害の頻発化・激甚化が顕在化する中で、流域全体を俯瞰して関係府省庁等の国の行政機関、都道府県、市町村、企業や関係住民を含めたあらゆる関係者が協働して取り組む流域治水について、流域マネジメントの一環として取り組むことが重要となる。同様に、可視化することが困難で、利用者などの関係者が多岐にわたる地下水を対象とする地下水マネジメントについても、関係する行政などの公的機関、大学、研究機関、住民等の様々な主体により連携して行われる必要があり、これらの関係者間の連携・調整を行う地下水協議会の設置や、内閣官房水循環政策本部事務局で令和5年3月より運用している地下水マネジメント推進プラットフォームの活用を通じて地下水の適正な保全及び利用が図られることが期待される。

今後、流域マネジメントを推進し、質を高めていくためには、流域内外にかかわらず様々な主体の参画拡大など主体間の連携を更に強化していくことも重要になる。そのためには、引き続き、普及啓発・広報、人材育成などに取り組んでいくことが重要である。例えば、8月1日の「水の日」に全国各地で

は関連行事が開催されているが、このような機会を捉えて、より積極的に広報し幅広い世代や流域外の主体の参画を促すなどにより、流域マネジメントに取り組む地域及び関係主体の裾野が拡大することが期待される。

さらに、多様な主体の参画、資金や人的資源の確保といった観点から、企業との連携も重要となる。近年、SDGs[15]への取組に加え、気候関連財務情報開示タスクフォース（TCFD）、自然関連財務情報開示タスクフォース（TNFD）などの動きを踏まえ、健全な水循環の取組に関心を有する企業も増えてきている。令和4年11月には「企業の健全な水循環の取組に関する有識者会議」を開催し、企業の健全な水循環の取組をサポートする環境の整備に向け、今後取り組むべき内容等について意見交換を行ったところであり、今後、取組を進めていくこととしている。同会議における意見や助言を基に、節水や水源涵養等の企業の取組事例の紹介等を進めていくことで、企業による健全な水循環の取組が促進されることが期待される。

（国際連携・国際協力の推進）

国際的にも流域マネジメントに対する関心が高まっている。

令和4年4月に熊本市で開催された第4回アジア・太平洋水サミットでは、特別セッション（ショーケース）において4カ国における取組の紹介が行われ、議長サマリーにも流域マネジメントの考え方が盛り込まれるなど、健全な水循環を維持・回復するための取組を共有し、相互に学ぶことの重要性について共通認識が図られた。令和5年3月に国連で46年ぶりに水に特化して開催された国連水会議2023では、全体討議において、日本の知見・経験を共有することを通じて、健全な水循環の維持・回復に貢献することを表明し、また、同会議のテーマ別討議3において、日本は共同議長を務め、日本が強みを持つ水防災政策や技術を発信するとともに、世界の水分野の強靱化に向けた提言を取りまとめたところである。

今後も、日本の知見・経験を世界に共有することにより、世界の水問題への解決に向けて貢献することが重要となる。一方で、国内の取組においては、海外の取組事例から学ぶことにより、流域マネジメントの深化を図ることが期待される。

（まとめ）

これまで、内閣官房水循環政策本部事務局では「流域マネジメントの手引き」や「流域マネジメントの事例集」を取りまとめて公表するなどにより、各地の取組を促してきたところである。水循環を取り巻く課題の変化に対する新たな取組や多様な主体の参画などによる流域マネジメントがなされてきており、今後とも、このような流域マネジメントが横展開され、全国的に拡大していくように、国内外の先進事例の周知や「流域マネジメントの手引き」の改定等により支援していくこととしている。

---

15 SDGs：Sustainable Development Goals。平成27年9月に国際連合が採択した持続可能な開発目標。

本 編

令和4年度
政府が講じた水循環に関する施策

本編 令和4年度 政府が講じた水循環に関する施策

「水循環基本法（平成26年法律第16号）」第12条は、「政府は、毎年、国会に、政府が講じた水循環に関する施策に関する報告を提出しなければならない」と規定しており、ここでは「令和4年度 政府が講じた水循環に関する施策」として、令和4年度に実施した施策について報告する。

令和3年6月の「水循環基本法」一部改正を踏まえ、令和4年6月、「水循環基本計画（令和2年6月16日閣議決定）」の一部変更を行った。具体的には、政府が講ずべき施策として「地下水の適正な保全及び利用」の項目を新設するとともに、地下水を含む水循環に関する施策を総合的かつ計画的に推進するためには、関係者の責務を明らかにしつつ連携・協力が必要であることから、国、地方公共団体、事業者及び国民の責務に関する記述等を追加・修正した。

また、令和2年6月の「水循環基本計画」の変更以降に取組が進んだ、水循環施策における再生可能エネルギーの導入促進及び「特定都市河川浸水被害対策法等の一部を改正する法律（令和3年法律第31号）」（「流域治水関連法」）の全面施行を踏まえた取組推進に関する記述について追加・修正した**（図表1）**。

図表1 「水循環基本計画」の一部変更について

水循環基本計画の一部変更について（ポイント・概要）

変更のポイント

- ❑ 変更は、現行の計画期間内（R2～R6）での一部変更。
- ❑ 令和３年６月の水循環基本法改正の趣旨に沿い、現行の計画に記載されている地下水に関する事項の項目を立てて位置付け、地下水に関する総合的な計画として提示。
- ❑ 現行計画の策定後に進んだ取組についても記載。

変更の概要

総論及び第１部（水循環に関する施策についての基本的な方針）
- 関係箇所に地下水に関する記述を追加・修正
- 地下水マネジメントをより推進するため、「地下水の適正な保全及び利用」を流域マネジメントの一環として重点的に取り組む内容に位置付け

第２部（水循環に関する施策に関し、政府が総合的かつ計画的に講ずべき施策）
- 「地下水の適正な保全及び利用」の項目を新設
- 法律の条文に沿って施策を記載

「地下水の適正な保全及び利用」の構成
（１）地下水に関する情報の収集、整理、分析、公表及び保存
（２）地下水の適正な保全及び利用に関する協議会等の活用
（３）地下水の採取の制限その他の必要な措置

第３部（水循環に関する施策を総合的かつ計画的に推進するために必要な事項）
- 法改正を踏まえ、国、地方公共団体、事業者及び国民の責務に関する記述を追加・修正

現行計画の策定後に取組が進んだ内容（再生可能エネルギー・流域治水）
- 令和２年６月の水循環基本計画の変更以降に進んだ以下の取組について記述を追加・修正
  1. 「2050年カーボンニュートラル」を踏まえた、水循環政策における再生可能エネルギーの導入促進
  2. 流域治水関連法の全面施行（令和3年11月）を踏まえた取組推進

資料）内閣官房水循環政策本部事務局

第1章 | 流域連携の推進等 ―流域の総合的かつ一体的な管理の枠組み―

　健全な水循環を維持又は回復するための取組は、水循環が上流域から下流域へという面的な広がりを有していること、また、地表水と地下水とを結ぶ立体的な広がりを有することを考慮し、単に問題の生じている個所・地先のみに着目するだけでなく、流域全体を視野に入れることが重要である。

　水循環に関する課題の例としては、水量・水質の確保、水源の保全と涵養、地下水の保全と利用、生態系の保全等が挙げられ、それぞれの課題に個別に対策が講じられ、一定の解決が図られてきた。近年では、気候変動の影響により頻発化・激甚化する水災害対策への取組や、水循環を地域資源として活用して地域振興を目指す取組など、水循環に係る取組の広がりも見られる。そのため、水循環に関する課題解決に向けては、様々な主体の連携の下、様々な分野の情報や課題に対する共通認識を持ち、将来像を共有する取組がますます重要となっている。

1 　流域水循環計画策定・推進のための措置

（流域水循環計画の公表）

○　「水循環基本計画」においては、流域の総合的かつ一体的な管理の理念を体現化する「流域マネジメント」の考え方が明確化された。流域マネジメントを進めるに当たっては、流域ごとに流域に関係する様々な主体で構成される「流域水循環協議会」を設置し、流域マネジメントの基本方針等を定める「流域水循環計画」を策定することとしている（図表2）。

図表2　流域マネジメントの考え方

「流域マネジメント」
流域の総合的かつ一体的な管理は、一つの管理者が存在して、流域全体を管理するというものではなく、森林、河川、農地、都市、湖沼、沿岸域、地下水盆等において、人の営みと水量、水質、水と関わる自然環境を適正で良好な状態に保つ又は改善するため、流域において関係する行政などの公的機関、有識者、事業者、団体、住民などの様々な主体がそれぞれ連携して活動すること

（水循環基本計画より）

水循環に関する課題の例

- 水源涵養機能の持続的発揮
- 雨水の地下浸透減少
- 水質汚濁
- 都市化により浸水被害が多発
- 地下水位の低下・湧水の枯渇

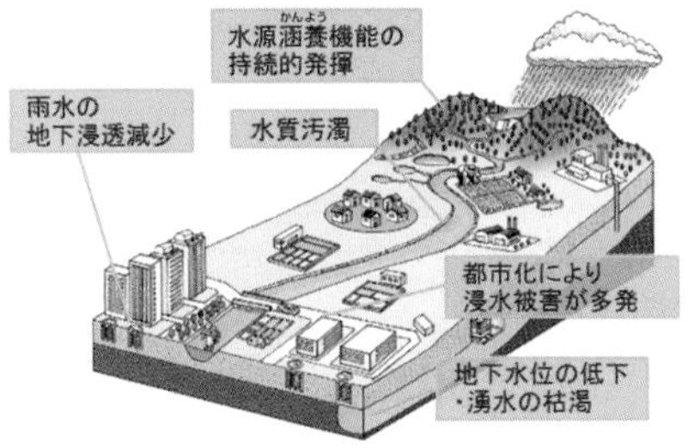

健全な水循環の維持・回復に向けた
流域連携の枠組み
（水循環基本計画で提案）

流域マネジメント
- 「流域水循環協議会」を設置
- 「流域水循環計画」を策定
- 計画に基づき、水循環に関する施策を推進

資料）内閣官房水循環政策本部事務局

○　流域マネジメントの活動状況の把握と更なる展開を目的として、平成28年度から全国で策定された流域水循環計画を公表している。令和4年度は12計画を公表し（うち4計画は、これまでに流域水循環計画として公表した計画について、新たな課題や取組の進捗を踏まえて改定されたもの）、合計で69計画となった。令和4年度に公表した計画の中には、水に直接関わる水質や水量等の課題だけではなく地域振興・地域づくりを目的とする計画や、流域治水など水循環を取り巻く新たな施策や課題を踏まえた計画などこれまでに無かった取組が見られた。

（流域マネジメントの事例集の作成）

○ 流域マネジメントの更なる展開と質の向上のため、具体事例を用いて流域マネジメントの取組の
ポイントを紹介する「流域マネジメントの事例集」を作成している。令和4年度は、流域マネジメ
ントを進める上で課題となっている「人材育成」と「資金調達」をテーマとして流域マネジメント
の事例集を取りまとめて令和5年3月に公表した。

（社会資本整備総合交付金等の配分に当たっての一定程度の配慮）

○ 平成30年度から、社会資本整備総合交付金及び防災・安全交付金の「配分に当たっての事業横
断的な配慮事項」として、「社会資本総合整備計画の中に「流域水循環計画」に基づき実施される
事業を含む場合は、配分に当たって一定程度配慮する」こととされている。これらの交付金の周
知を図りながら、全国各地における健全な水循環の維持又は回復に向けた取組を促進した。

（流域マネジメントの普及啓発）

○ 水循環に関する取組をより広がりある活動とするため、水循環を契機とした「地域振興」をテー
マとして令和5年1月に水循環シンポジウムを開催した。シンポジウムでは、地方公共団体と有
識者からの地域振興に取り組んだ事例の発表とパネルディスカッションを実施し、水循環を契機
とした地域振興に関する取組の手掛かりの共有を図った。

（水循環アドバイザー制度等）

○ 令和2年度から、流域マネジメントに取り組む、又は取り組む予定の地方公共団体等に対し、
要請に応じて流域マネジメントに関する知識や経験を有するアドバイザーを派遣し、技術的な助
言・提言を行っている。令和4年度は、6地方公共団体（福島県、神奈川県秦野市、福井県大野市、
滋賀県東近江市、大阪府摂津市、愛媛県松山市）への支援を実施した**（図表3）**。

○ 流域マネジメントの質の向上等を図るため、流域における水循環の健全性や流域マネジメント
の取組の効果等を「見える化」する評価指標・評価手法の確立に向けた検討を進めている。

図表 3　水循環アドバイザー制度の支援実績

福島県
1. 形 式：　現地派遣、会議
2. 内 容：　福島県地方流域水循環協議会における、水環境活動活性化に向けた上下流連携の課題と可能性などについての講演及び助言
3. 実施日：　令和5年2月8日
4. 水循環アドバイザー：　名古屋大学大学院 工学研究科 准教授 中村 晋一郎 氏

神奈川県秦野市
1. 形 式：　現地派遣、会議
2. 内 容：　地域の名水に関する知見を有する住民等に対する、地下水保全の取組や名水を活用した普及啓発事業についての講演及び助言
3. 実施日：　令和5年2月11日
4. 水循環アドバイザー：　筑波大学 生命環境系 教授 辻村 真貴 氏

福井県大野市
1. 形 式：　現地派遣、会議
2. 内 容：　流域水循環計画に基づき、効果的に施策を実施していくための教育、普及啓発、広報、情報発信等についての助言
3. 実施日：　令和4年7月1日
4. 水循環アドバイザー：　東京学芸大学 環境教育研究センター 教授 吉冨 友恭 氏

滋賀県東近江市
1. 形 式：　現地派遣、会議
2. 内 容：　地下水に関する勉強会における、地下水と森林の関係等についての講演及び助言
3. 実施日：　令和5年1月31日
4. 水循環アドバイザー：　東京大学大学院 農学生命科学研究科 教授 蔵治 光一郎 氏

大阪府摂津市
1. 形 式：　現地派遣、会議
2. 内 容：　農業用水路を活用した都市域の水環境改善を図るための計画検討に対する助言
3. 実施日：　令和4年11月16日
4. 水循環アドバイザー：　愛媛大学大学院 農学研究科 教授 武山 絵美 氏

愛媛県松山市
1. 形 式：　現地派遣、会議、オンライン会議
2. 内 容：　流域水循環計画に基づき進めている若年層向けの水に関する教育、普及啓発に関する講演及び助言
3. 実施日：　令和4年11月1、2日、令和4年12月6日
4. 水循環アドバイザー：　特定非営利活動法人 雨水市民の会 理事 笹川 みちる 氏

資料）内閣官房水循環政策本部事務局

第2章 地下水の適正な保全及び利用

　地下水は、生活用水、工業用水、農業用水などの水資源のほか、消雪やエネルギー源など多様な用途に利用されている。また、豊かな地下水が育む湧水は、生物多様性の保全の場、安らぎの場や環境学習の場となるだけでなく、観光資源としての役割も果たしている。

　近年では、地下水や湧水を保全・復活させるとともに、地域の文化や地場産品と組み合わせることにより、地下水・湧水を観光振興や特産品（ブランド化）に活用する新たな動きも見られるようになった。

　このように地下水に対するニーズが多様化する一方、地下水採取量の増加に伴う地盤沈下、塩水化及び地下水汚染といったいわゆる地下水障害が発生し、大きな社会問題となった経緯があることにも十分留意する必要がある。かつて地盤沈下が顕在化した地域では、法律、条例等による地下水の採取規制、ダム等の整備による地下水から河川水への水源転換などの地下水保全対策が実施されたことにより、近年沈静化の傾向にある。しかしながら、依然として過剰な地下水利用や人間活動に起因する地下水汚染が生じているところもあり、今後も地下水の適正な保全と利用を図る必要がある。

　地下水は地表水と異なり、目に見えず、その賦存する地下構造や利用形態が地域ごとに大きく異なるという特徴を有している。このため、その問題についての共通認識の醸成や、地下水の利用や挙動等の実態把握とその分析、可視化、水量と水質の保全、涵養、採取等に関する合意やその取組は、それぞれの地域ごとに実施する必要がある。地下水の適正な保全と利用を図っていくためには、こうした取組をマネジメントする「地下水マネジメント」が重要であることから、これを推進する地方公共団体を支援していくため、令和5年3月に「地下水マネジメント推進プラットフォーム[16]」を立ち上げ、活動を開始した。このプラットフォームは、地域の地下水の問題解決に向け、関係府省庁、先進的な取組を行っている地方公共団体等の公的機関、大学、研究機関、企業、NPO等の協力の下、相談窓口の設置、地下水協議会や条例等に関する先進事例などの情報を集約し一元的に提供するなどの活動を行っている（図表4）。

図表4　地下水マネジメント推進プラットフォームの活動

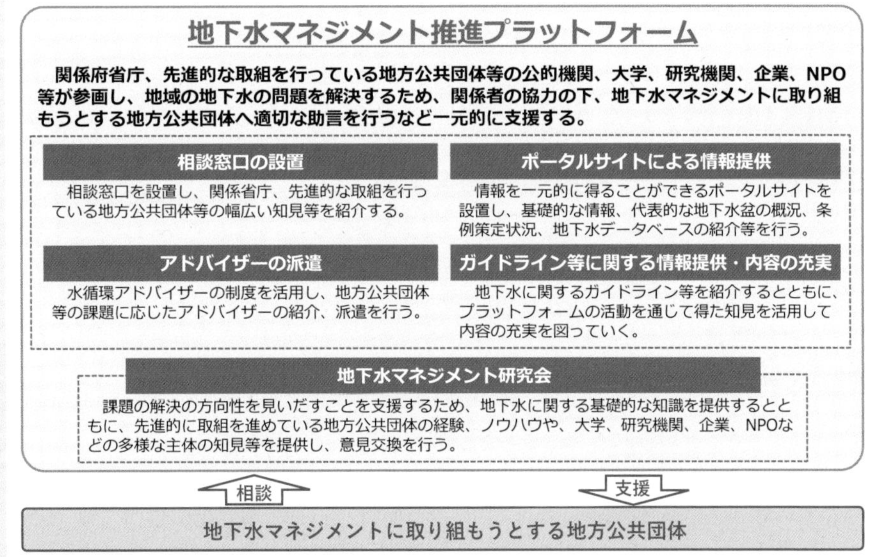

資料）内閣官房水循環政策本部事務局

16　https://www.cas.go.jp/jp/seisaku/gmpp/index.html

1 地下水に関する情報の収集、整理、分析、公表及び保存

地下水については賦存量や挙動が解明されていない部分が多いため、関係機関等の成果も活かしながら、地域の実情に応じた観測、調査、データの整備と保存及び分析を支援することとしている。

○ 地下水マネジメントを進める地域で観測、収集された地下水位、水質、採取量等のデータを、関係者が相互に活用することを可能とする「地下水データベース[17]」を構築した。

○ 地下水マネジメントに取り組む地域を支援するため、地下水マネジメント推進プラットフォームの活動を開始し、地下水に関する情報をウェブサイト[18]で公開した。

○ 地下水マネジメント推進プラットフォームに知見を集約するため、地下水の実態把握の状況について情報収集を行った。

○ 戦略的イノベーション創造プログラム（SIP[19]）において水循環モデルを用いた「災害時地下水利用システム」の研究開発が進められ、地下水流動の解析・可視化等の技術が高度化されたことから、関連情報を地下水マネジメント推進プラットフォームのウェブサイトにおいて提供した。

○ 地下ダムは、地下に止水壁を造成することにより地下水流をせき止めて貯留し、地下水を安定的に利用可能とする施設である。現在、鹿児島県の沖永良部島において、新たな水源として、農林水産省の直轄事業により地下ダムを造成しているところである。また、同県喜界島や沖縄県宮古島においては、過去に直轄事業により地下ダムを造成したが、受益地内の営農形態の変化や受益地外の農家からの農業用水確保の要望などの新たな水需要の高まりに対応するため、地下ダムを増設しているところである。

2 地下水の適正な保全及び利用に関する協議会等の活用

地下水マネジメントを推進するため、関係者との連携・調整を行うための地下水協議会等の設置を支援することとしている。

○ 地下水マネジメント推進プラットフォームのウェブサイトに、地下水協議会等に関する情報や先進事例を公開した。

○ 地下水マネジメント推進プラットフォームに知見を集約するため、地方公共団体における地下水協議会等の情報収集を行った。

---

17 https://www.cas.go.jp/jp/seisaku/gmpp/tools/tool01.html
18 https://www.cas.go.jp/jp/seisaku/gmpp/index.html
19 SIP：Cross-ministerial Strategic Innovation Promotion Program

3 地下水の採取の制限その他の必要な措置

　地下水の適正な保全及び利用を図るために地方公共団体が行う条例等による地下水の採取の制限やその他の必要な措置等を支援することとしている。

○　地下水マネジメント推進プラットフォームのウェブサイトにおいて、地下水に関する条例を体系的に整理・閲覧可能とした。また、地下水に関する情報、取組の事例、ガイドライン等も一元的に公開した。

○　地下水マネジメント推進プラットフォームに知見を集約するため、自治体による地下水の採取制限等の情報収集を行った。

○　戦略的イノベーション創造プログラム（SIP）において水循環モデルを用いた「災害時地下水利用システム」の研究開発が進められ、地下水流動の解析・可視化等の技術が高度化されたことから、関連情報を地下水マネジメント推進プラットフォームのウェブサイトにおいて提供した。【再掲】

○　地下水の水質汚濁に係る環境基準項目において特に継続して超過率が高い状況にある硝酸性窒素及び亜硝酸性窒素に対し、生活排水の適正な処理や家畜排せつ物の適正な管理、適正で効果的・効率的な施肥を行うことによる汚濁負荷の軽減を図るため、地下水の挙動、汚染状況、有効な対策等について、課題に応じたアドバイザーの紹介及び派遣を行い、関係自治体が助言を受ける場を設けること等により地域における取組の支援を行った。また、「硝酸性窒素等地域総合対策ガイドライン[20]（令和3年3月）」の周知を図った。

○　地下水・地盤環境の保全に留意しつつ地中熱利用の普及を促進するため、令和5年3月に「地中熱利用にあたってのガイドライン」の改訂版を公表し、周知を図った。さらに、地中熱を分かりやすく説明した一般・子供向けのパンフレットや動画でも周知を図った[21]。

○　持続可能な地下水の保全と利用の方策として、「地下水保全」ガイドライン及び事例集[22]の周知を図った。

20　https://www.env.go.jp/water/chikasui/post_91.html
21　https://www.env.go.jp/seisaku/list/thermal.html
22　http://www.env.go.jp/water/jiban/guide.html

第3章 貯留・涵養(かんよう)機能の維持及び向上

　健全な水循環を維持又は回復する上で、森林、河川、農地、都市等における水の貯留・涵養(かんよう)機能の維持及び向上を図ることが不可欠である。

1 森林

　我が国は、国土の約3分の2を森林が占める世界でも有数の森林国である。森林は、降水を樹冠や下層植生で受け止め、その一部を蒸発させた後、土壌に蓄える。森林土壌は、多孔質の構造となっており、その隙間に水を蓄え、徐々に地中深く浸透させて地下水として涵養(かんよう)するとともに、水質を浄化する（**図表5**）。水資源の貯留や水質の浄化、洪水の緩和等、森林の水源涵養機能を将来にわたって持続的に発揮させるためには、樹木の樹冠や下層植生が発達するとともに、水を蓄える隙間に富んだ浸透能力及び保水能力の高い森林土壌が形成される必要がある（**写真1**）。さらに、森林は大気中の二酸化炭素を吸収して炭素を貯蔵するとともに、生産した木材を建築物等で利用することで炭素が長期間貯蔵される。このように、森林はカーボンニュートラルの実現に寄与するとともに、気候変動やその影響を軽減し、災害の防止や健全な水循環の維持にも寄与している。

　このような森林が持つ多面的機能を発揮させるため、「森林・林業基本法（昭和39年法律第161号）」に基づく「森林・林業基本計画（令和3年6月15日閣議決定）」や、「森林法（昭和26年法律第249号）」に基づく森林計画制度等により、主伐[23]後の再造林や間伐等を着実に実施するとともに、自然条件等に応じて、複層林化[24]、長伐期化[25]、針広混交林化や広葉樹林化等により多様で健全な森林へ誘導するなど、計画的かつ適切な森林整備を推進するとともに、森林資源の循環利用に向けた木材需要の拡大等の取組を推進している。

図表5　森林内における水の動き（水源涵養(かんよう)機能）

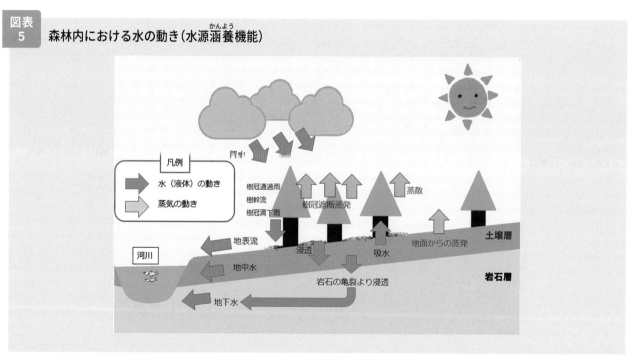

資料）林野庁

23　次の世代の森林の造成を伴う森林の一部又は全部の伐採。
24　針葉樹一斉人工林を帯状、群状等に択伐し、その跡地に人工更新等により複数の樹冠層を有する森林を造成すること。
25　従来の単層林施業が40〜50年程度以上で主伐（皆伐等）することを目的としていることが多いのに対し、これのおおむね2倍に相当する林齢以上まで森林を育成し主伐を行うこと。

| 写真1 | 下層植生に乏しい人工林（左）と下層植生が発達した人工林（右） |

資料）林野庁

○　水源涵養機能を始めとする森林の有する多面的機能を総合的かつ高度に発揮させるため、「森林法」に規定する森林計画制度に基づき、地方公共団体や森林所有者等に対し指導、助言等を行い、体系的かつ計画的な森林の整備及び保全の取組を推進した。また、「森林経営管理法（平成30年法律第35号）」に基づき、経営管理が適切に実施されていない森林について、森林所有者から市町村等へ経営管理を委託する森林経営管理制度を推進した（図表6）。

　具体的には、民有林において、森林整備事業等により、路網[26] の整備や、施業の集約化を図りつつ行う間伐や主伐後の再造林を推進した（写真2）。また、所有者の自助努力では適正な整備ができない奥地水源林等について、公的主体による間伐等を実施するとともに、国有林においても、国自らが間伐等を実施するなど、適切な森林の整備及び保全を推進した。適切な森林の整備及び保全を進めるためには、森林所有者の把握が重要であり、これに向けた取組として、「森林法」により、平成24年度から、新たに森林の土地の所有者となった者に対しては、市町村長への届出が義務付けられている。こうした情報を用いて、平成22年度から外国資本による森林買収について調査を行っており、令和3年における、居住地が海外にある外国法人又は外国人と思われる者による森林買収の事例は、19件、231haとなっている。

　加えて、森林の水源涵養機能などの持続的な発揮を図るため、それら機能の発揮が特に要請される森林については保安林に指定するなど、保安林の配備を計画的に推進するとともに、伐採、転用規制などの適切な運用を図った。これら保安林等においては、治山施設の設置や森林の整備等を行い、浸透・保水能力の高い土壌を有する森林の維持・造成を推進した。

　あわせて、豊富な森林資源の循環利用を図るため、直交集成板（CLT[27]）を始めとした木質部材や木質バイオマス利用などの新たな木材需要の創出や、国産材の安定供給体制の構築、建築用木材の国産の製品等への転換、担い手の育成・確保といった林業・木材産業の成長産業化に係る取組を推進した。

26　森林施業等の効率化のため、林道と森林作業道を適切に組み合わせたもの。
27　CLT：Cross Laminated Timber

図表6	森林経営管理制度の概要

資料）林野庁

写真2	高性能林業機械による間伐の様子

資料）林野庁

2　河川等

　気候変動の影響や社会状況の変化などを踏まえ、集水域と河川区域のみならず、氾濫域も含めて一つの流域として捉え、その流域のあらゆる関係者が協働し、「流域治水」の取組を推進している（図表7）。流域治水において各流域の実情に応じて実施する対策のうち、氾濫をできるだけ防ぐための対策として、洪水時に一時的に流域内で雨水を貯留できるよう、既存ストックを活用した流出抑制対策を実施している。

図表7	あらゆる関係者が協働して行う「流域治水」の概要

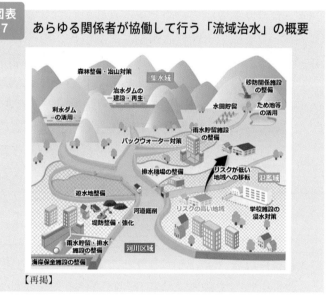

【再掲】

資料）国土交通省

○　水循環が河川の流域を中心に循環していることに鑑み、必要な河川流量の維持に努めており、河川の水量については、地下水位の維持の観点等の複数の項目から、河川整備基本方針等において河川の適正な利用、流水の正常な機能の維持に関する事項を定めている。また、ダム等の下流の減水区間における河川流量の確保や、平常時の自然流量が減少した都市内河川に対し下水処理場の再生水の送水等を行い、河川流量の維持に取り組んだ。

○　市街化の進展に伴う降雨時の河川、下水道への流出量の増大や浸水するおそれがある地域の人口、資産等の増加に対応するため、河川、下水道等の整備を行った。加えて、流域の持つ保水・遊水機能を確保し、多発する大雨や短時間強雨による浸水被害を軽減するため、調整池等の整備により雨水を貯めることや、特に都市の内水対策として浸透ますや透水性舗装等の整備により雨水を浸み込ませて流出を抑えること等を適切に組み合わせ、流域が一体となった浸水対策を推進するとともに、新世代下水道支援事業制度により、貯留浸透施設等の整備を促進した。

○　令和３年11月に全面施行された「流域治水関連法」に基づき、貯留機能保全区域の指定等の流域が持つ貯留機能等を活用した治水対策の検討を推進した。

3 農地

　我が国の農地面積は、令和4年時点で約433万ha[28]となっており、国土面積約3,780万haの約11%を占める。農地は、農業が営まれることにより様々な機能を発揮し、畦畔[29]に囲まれている水田や水を吸収しやすい畑の土壌は、雨水を一時的に貯留して、時間をかけて徐々に流下させることによって洪水の発生を軽減させるという機能を有している。

　農業・農村は、食料を供給する役割だけでなく、その生産活動を通じ、国土の保全、水源の涵養、生物多様性の保全、良好な景観の形成、文化の伝承等、様々な役割を有しており、その役割による効果は、地域住民を始め国民全体が享受している。水田等に利用されるかんがい用水や雨水の多くは、地下に浸透することで、下流域の地下水を涵養する一助となっている。涵養された地下水は、再び下流域で生活用水や工業用水として利用される（**図表8**）。

| 図表 8 | 農業用水における水循環の概念図 |

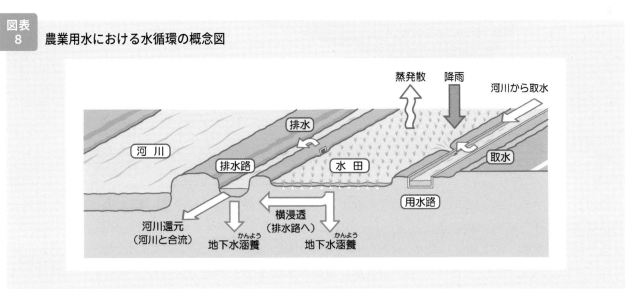

資料）農林水産省

○　健全な水循環の維持又は回復にも資する多面的機能を十分に発揮するため、安定的な農業水利システムの維持・管理、農地の整備・保全及び農村環境や生態系の保全等の推進に加え、地域コミュニティが取り組む共同活動等への支援など、各種施策や取組を実施した。

○　熊本地域では、熊本市を始めとする地方公共団体と地下水を取水している企業が連携して、冬季の休耕田に水を張る地下水涵養の取組が行われている（**図表9**）。水を利用する企業が行う涵養等の取組を更に促進し、健全な水循環の維持・回復を図るため、このような取組事例等を紹介する行政機関や企業向けのウェビナーを開催し、その普及啓発に努めた。

28　農林水産省「耕地及び作付面積統計」。
29　水田に流入させた用水が外に漏れないように、水田を囲んで作った盛土等の部分のこと。あぜ。

図表9 水田等から涵養(かんよう)された地下水が下流域で活用されている事例(熊本市を流れる白川流域の概念図)

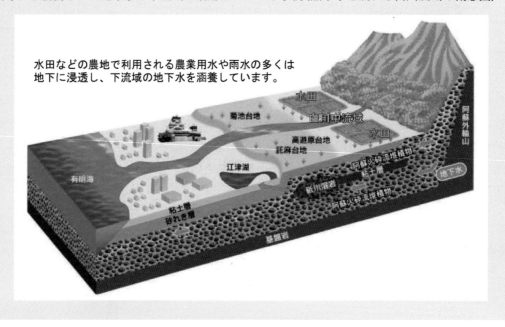

水田などの農地で利用される農業用水や雨水の多くは
地下に浸透し、下流域の地下水を涵養しています。

水田　白川中流域　阿蘇外輪山
菊池台地　水田
高遊原台地　託麻台地
有明海　阿蘇火砕流堆積物
江津湖　粘土層
緑川溶岩　地下水
粘土層　阿蘇火砕流堆積物
砂れき層
基盤岩

資料) 熊本市

4　都市

　都市化の拡大による地表面の被覆化は、雨水の地下への浸透量を減少させ、湧水の枯渇、平常時の河川流量の減少とそれに伴う水質の悪化、洪水時の河川流量の増加をもたらす恐れがある。そのため、各地で様々な貯留・涵養(かんよう)機能の維持及び向上のための取組がなされている。

　地下水涵養(かんよう)機能の向上や都市における貴重な貯留・涵養(かんよう)能力を持つとともに、気温上昇の抑制や良好な景観形成など多様な機能を有するグリーンインフラとして、多様な主体の参画の下、緑地等の保全と創出、民間施設や公共公益施設の緑化を図っている。

　また、民間の都市開発や土地利用等において、土壌や浸透性舗装等の効果も活用した雨水貯留浸透施設の設置を促進する等、雨水の適切な貯留・涵養(かんよう)を推進することで、浸水被害の軽減を図るとともに、水辺空間の創出などの取組を推進している。

　こうした背景を踏まえ、平成27年に「下水道法(昭和33年法律第79号)」が改正され、民間の協力を得ながら浸水対策を推進することを目的に浸水被害対策区域制度を創設した。この浸水被害対策区域においては、民間事業者等の雨水貯留施設の設置を促進するため、その整備費用の支援を受けることができる制度等を創設した。さらに、令和３年の「下水道法」改正により浸水被害対策区域において雨水貯留浸透施設整備に係る計画の認定制度が創設され、より一層の整備費用の支援を受けることが可能となった。

○　緑豊かな都市環境の実現を目指し、市町村が策定する緑の基本計画等に基づく取組に対して、財政面・技術面から総合的に支援を行い、都市における貴重な貯留・涵養(かんよう)機能など多様な機能を有するグリーンインフラとして、多様な主体の参画の下、緑地等の保全と創出、民間施設や公共公益施設の緑化を図った。

○ 「先導的グリーンインフラモデル形成支援[30]」では地方公共団体が取り組む「市街地における雨水浸透対策としての雨庭等の積極的導入」等のため市街地における地盤高と地下水位の差を地図上で示し、雨庭導入の有効性を整理する等の必要な支援を実施した。

○ 令和3年の「下水道法」改正により浸水被害対策区域における雨水貯留浸透施設整備に係る計画の認定制度を創設し、財政支援についても強化することにより、地方公共団体による浸水被害対策区域の指定等を促進するとともに、民間等による雨水貯留施設等の整備を促進し、流出抑制対策を推進した。

5 その他

令和2年3月に設立した「グリーンインフラ官民連携プラットフォーム」において、多様な主体の知見やノウハウを活用して、グリーンインフラの社会的な普及、技術に関する調査・研究、資金調達手法の検討等を進めた。具体的には、令和3年度より作成を継続していた「グリーンインフラ評価の考え方とその評価例（令和3年度中間報告書）」（**写真3**）を公表し、都市浸水対策等に関する定量的な評価手法の検討を進めた。また、グリーンインフラに関連する技術・評価手法等は「グリーンインフラ技術集」（**写真4**）として公表した。さらに、地方公共団体がグリーンインフラ関連制度を活用するための「令和4年度版グリーンインフラ支援制度集」（**写真5**）を公表したほか、雨水貯留・浸透機能に関する行政や民間企業等におけるニーズとシーズのマッチングイベントを実施した。

写真3 グリーンインフラ評価の考え方とその評価例（令和3年度中間報告書）

資料）国土交通省

写真4 グリーンインフラ技術集（令和5年3月）

資料）国土交通省

写真5 グリーンインフラ支援制度集（令和4年4月）

資料）国土交通省、農林水産省、環境省

---

30 国土交通省が令和2年度に創設した支援制度で、グリーンインフラの導入を目指す地方公共団体を対象に専門家派遣等の支援を実施し、官民連携・分野横断によるグリーンインフラの社会実装を推進する支援制度。

第4章 水の適正かつ有効な利用の促進等

1 安定した水供給・排水の確保等

ア 安全で良質な水の確保

　飲み水の質を改善する取組は水道行政、水道事業の根幹を成すものであり、明治維新後の黎明期から営々とその努力が積み重ねられ、コレラや赤痢といった感染症を早い時期に激減させ、全国に安全な水を安定的に供給する体制を構築するに至っている**（図表10）**。平成2（1990）年度に約2,200万人に達したカビ臭等による異臭味被害対象人口が、オゾン処理技術などの高度処理技術の導入や水質管理の向上等により減少し、近年ではおおむね300万人以下で推移しているが、令和3（2021）年度は352.6万人であった**（図表11）**。

　今後とも、安全・安心でおいしい水への要請に応えていくため各水道事業者による一層の取組が期待されている。

図表 10 水道普及率と水系消化器系感染症患者の推移

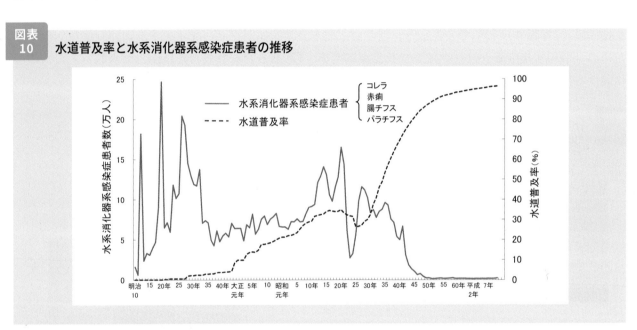

資料）厚生労働省

図表 11 水道水の異臭味被害の発生状況の推移

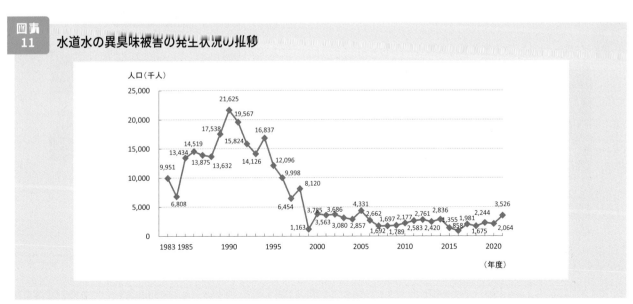

資料）厚生労働省

○ 水道事業者等が安全で良質な水道水を常に供給できるようにするため、水源から給水栓に至る統合的な水質管理を実現する手法として、世界保健機関（WHO[31]）が提唱している「水安全計画」の策定又はこれに準じた危害管理の徹底を促進した。

○ 水道水の安全性の確保を図るため、「水質基準逐次改正検討会」を開催し、最新の科学的知見を踏まえた水質基準等の逐次改正について検討を行った。

○ 異臭味被害等に係る対策として、水道事業者等が実施する高度浄水処理施設等の整備に対する財政支援を行った。

○ 水源水質の変動の影響を受けにくい水供給システムの構築を推進するため、水道事業者等が実施する高度浄水処理施設等の整備に対する財政支援を行った。

○ 公共用水域の水質保全を図るため、工場等への排水規制を引き続き実施した。また、地下水汚染の未然防止を図るため、平成23年の「水質汚濁防止法（昭和45年法律第138号）」の改正により設けられた地下浸透防止のための構造、設備及び使用の方法に関する基準の遵守、定期点検及びその結果の記録・保存を義務付ける規定等の施行に引き続き努めた。

○ 「土壌汚染対策法（平成14年法律第53号）」に基づき、土壌の特定有害物質による汚染の除去等を行うことにより、土壌汚染に起因する地下水汚染の防止を図った。

○ 「農薬取締法（昭和23年法律第82号）」に基づき、農薬の環境影響に係るリスクの評価及び管理を行うことにより、農薬使用に起因する公共用水域の汚染防止を図った。

○ 化学物質排出移動量届出制度（PRTR制度[32]）の対象となる事業所からの公共用水域への化学物質の排出量等は事業者により把握・届出され、また、国において集計・公表[33]した。

○ 持続的な汚水処理システムの構築に向け、下水道、農業集落排水施設、浄化槽のそれぞれの有する特性、経済性等を総合的に勘案して、効率的な整備・運営管理手法を選定する都道府県構想に基づき、適切な役割分担の下での生活排水対策を計画的に実施した。

○ 湖沼などの公共用水域へ排出される農業用用排水の水質保全を図るため、水生植物等が有する自然浄化機能の活用や浄化水路等の整備を実施した。

○ 水源涵養機能の発揮が特に要請される森林について保安林指定を推進するとともに、浸透・保水能力の高い土壌を有する森林の維持・造成を図るため、間伐、造林等の森林整備や治山施設の設置などを総合的に推進した。

○ 雨水の適切な利用を促進するため、令和4年度雨水利用に関する自治体職員向けセミナーを開催し、地方公共団体及び民間団体の雨水利用の取組事例を周知し、利用の推進を促した。

イ　危機的な渇水への対応

　我が国は、1970年代から2000年代まで、年降水量の変動が比較的大きかったこともあり、少雨の年を中心に渇水の影響を受ける地域が多かった。高度経済成長期以降、都市部への急速な人口集中に伴い、水需給が逼迫した状況にあったことから、断水を起こさないような水供給システムの改善と関係者の不断の努力によって全国的に水インフラの整備を進め、この結果、全国の水資源開発施設の整備は一定の水準に達しつつある。しかしながら、一部の施設は整備中であり、また、無降水日の増加や積雪量の減少等の要因により、水資源開発施設の整備が計画された時点に比べてその供給可能量が低下する等の不安定要素が顕在化しており、近年も全国各地において取水が制限される渇水が発生している（図表12）。

　さらに、今後の地球温暖化などの気候変動の影響により、地域によっては水供給の安全度が一層低下する可能性があることも踏まえて、異常渇水等により用水の供給が途絶するなどの深刻な事態を含

31　WHO：World Health Organization
32　PRTR：Pollutant Release and Transfer Register。「特定化学物質の環境への排出量の把握等及び管理の改善の促進に関する法律（平成11年法律第86号）」により、平成11年に制度化。
33　https://www.env.go.jp/chemi/prtr/risk0.html

め、より厳しい事象を想定した危機管理の準備をしておくことが必要である。そのためには、水資源開発施設の適切な整備、機能強化に加え、渇水による被害を防止・軽減するための対策をとる上で前提となる既存施設の水供給の安全度と渇水リスクの評価を行い、国、地方公共団体、利水者、企業、住民などの各主体が渇水リスク情報を共有し、協働して渇水に備えることが必要である。このため、危機的な渇水を想定し、渇水被害を軽減するための対策等を時系列で整理した行動計画である「渇水対応タイムライン」の策定を推進している。

我が国の産業と人口の約5割が集中する7つの水資源開発水系（利根川水系、荒川水系、豊川水系、木曽川水系、淀川水系、吉野川水系及び筑後川水系）においては、水資源の総合的な開発及び利用の合理化の基本となる水資源開発基本計画を策定している。危機的な渇水、大規模自然災害、水資源開発施設等の老朽化・劣化に伴う大規模な事故等、近年の水資源を巡るリスクや課題が顕在化している状況を踏まえ、平成29年5月の国土審議会答申「リスク管理型の水の安定供給に向けた水資源開発基本計画のあり方について」では、従来の需要主導型の「水資源開発の促進」からリスク管理型の「水の安定供給」へと、水資源開発基本計画を抜本的に見直す必要があることが提言された。これを受けて、全7水系6計画の水資源開発基本計画の見直しを進めている。この水資源開発基本計画の見直しによって、既存施設の徹底活用によるハード対策と併せて必要なソフト対策の一体的な推進が図られ、危機時において必要な水が確保されることが期待される。

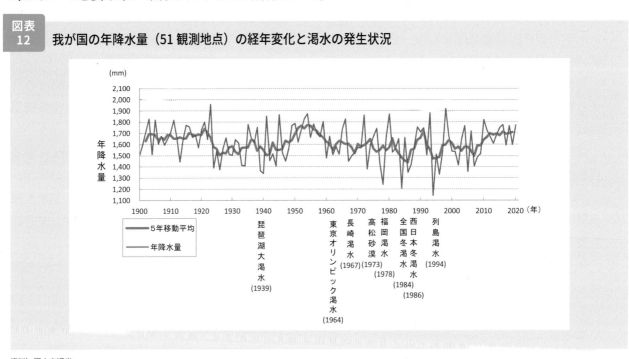

図表12 我が国の年降水量（51観測地点）の経年変化と渇水の発生状況

資料）国土交通省

○ 危機的な渇水を想定し、渇水被害を軽減するための対策等を時系列で整理した行動計画である「渇水対応タイムライン」の策定を推進している。令和4年度は、過年度に公表した石狩川水系等の18水系に加えて、新たに岩木川、紀の川、高梁川等の5水系について渇水対応タイムラインを公表[34]し、累計で23水系となった。

○ 気候変動による水系や地域ごとの水資源への影響を需要・供給の面から評価する手法について検討した。

○ 令和3年6月に淀川水系、令和4年3月に筑後川水系の水資源開発基本計画の見直しに着手し、国土審議会水資源開発分科会の各部会において審議を重ね、それぞれ令和4年5月27日、令和5年1月31日に閣議決定・国土交通大臣決定を行った。

---

34 https://www.mlit.go.jp/mizukokudo/mizsei/mizukokudo_mizsei_fr2_000041.html

2　災害への対応

ア　災害から人命・財産を守るための取組

　我が国は長い歴史の中で、脆弱な国土に起因する水害、土砂災害、地震災害などの自然災害から国民の生命や財産を守るため、堤防、砂防設備、治山施設などの災害対策の施設を整備するなどの取組を続けてきた。近年、短時間強雨の発生回数が増加しており、今後は、地球温暖化などの気候変動による外力の増大などの要因により水害、土砂災害等の頻発化・激甚化が懸念されることから、生命・財産を守るための防災・減災対策を推進し、災害に強くしなやかな国土・地域・経済社会を構築することが、より一層重要となっている（図表13）。

　平成30年7月豪雨では315河川において氾濫等が発生したのに対し、令和3年8月の前線に伴う大雨では氾濫等が発生した河川が88河川に抑えられた。これは、平成30年7月豪雨以降、「防災・減災、国土強靱化のための3か年緊急対策」として全国で実施した河道掘削等や、ダムの事前放流の効果であり、令和7年度までの「防災・減災、国土強靱化のための5か年加速化対策」の重要性が明らかになったことから、引き続きこの加速化対策も活用し、事前防災対策を推進する。

　このような効果が見られた一方で、市街地からの排水が困難な地域においては内水による浸水被害が発生しており、更なる対策も必要である。

　こうした課題やいまだ治水施設の整備が途上であること、施設整備の目標を超える洪水が発生すること、さらに、今後の気候変動により水災害が激甚化・頻発化することを踏まえ、より一層の効果の早期発現を図るため、河道掘削、堤防整備、ダムや遊水地の整備などの河川整備の加速化を図るとともに、本川・支川、上流・下流など流域全体を俯瞰し、国・都道府県・市町村、地元企業や住民などあらゆる関係者が協働してハード・ソフト対策に取り組む「流域治水」の取組を強力に推進することとしている。

　令和3年4月には、関連する9本の法律を一体的に改正する「流域治水関連法」が成立し、流域治水の取組を強力に推進するための法的基盤が整備された。同年11月に同法が全面施行されたことを踏まえ、その中核となる特定都市河川の指定を通じた河川への雨水の流出増加の抑制や、民間施設等も活用した流域における貯留・浸透機能の向上、水害リスクを踏まえたまちづくり・住まいづくりなど、必要な取組を強力に推進している（図表14）。

　今後の気候変動に対して、21世紀末の未来に備えるため、全国の一級水系のハード整備の長期目標である河川整備基本方針を、気候変動の影響による将来の降雨量の増大を考慮するとともに、流域治水の観点も踏まえた計画へと見直していく。

　土砂災害対策についても、気候変動による降雨特性の変化により将来顕在化・頻発化が懸念される地域ごとの土砂移動現象及び対策の検討・実施に必要となる関係諸量（土砂量等）の調査・評価手法の高度化等について検討しているところである。

　さらに、台風や大雨等の予測精度の向上や観測体制の強化、住民避難を支援するための防災気象情報の改善等により地域防災力の強化を図っていく。

　また、森林が持つ公益的機能の発揮が特に必要な保安林等において、山腹斜面の安定化や荒廃した渓流の復旧整備等のため、流域治水と連携しつつ、治山施設の設置や流木対策、治山ダムの嵩上げ等の機能強化、機能が低下した森林の整備、海岸防災林等の整備・保全等を行う治山事業を実施している。

図表 13

我が国における近年の代表的な水害、土砂災害

年月	災害名	被害の概要
平成24年7月	九州北部豪雨	福岡県、熊本県、大分県、佐賀県は大雨となり、遠賀川、花月川、合志川、白川、山国川、牛津川において、氾濫危険水位を上回り、浸水被害等が多数発生。 矢部川において、河川整備基本方針の基本高水のピーク流量を上回る観測史上最大の流量となり、計画高水位を5時間以上超過し基盤漏水によって堤防が決壊して広域にわたる浸水が発生。
平成25年9月	台風第18号（京都府桂川等）	台風第18号に伴う大雨により、京都府、滋賀県、福井県では、運用開始以来初となる大雨特別警報が発表。京都府の桂川では観測史上最高の水位を記録し、越水による堤防決壊の危機にさらされたが、淀川上流ダム群により最大限の洪水調節が行われるとともに、懸命の水防活動により、堤防決壊という最悪の事態を回避。
平成26年8月	広島市の土砂災害	バックビルディング現象により積乱雲が次々と発生し、線状降水帯を形成し、3時間で217mmの降水量を記録。 避難勧告が発令される前に土砂災害等が発生し、死者77名（関連死3名含む）の甚大な被害が発生。
平成27年9月	関東・東北豪雨	関東地方では、台風第18号から変わった低気圧に向かって南から湿った空気が流れ込んだ影響で、記録的な大雨となり、栃木県日光市五十里観測所で、観測開始以来最多の24時間雨量551mmを記録するなど、各観測所で観測史上最多雨量を記録。 常総市で、鬼怒川の堤防が約200m決壊。決壊に伴う氾濫により常総市の約1/3の面積に相当する約40km²が浸水し、決壊箇所周辺では、氾濫流により多くの家屋が流出するなどの被害が発生。
平成28年8月	台風第7号、第9号、第10号、第11号（相次いで発生した台風）	北海道への3つの台風の上陸、東北地方太平洋側への上陸は、気象庁統計開始以降初めて。 北海道や東北地方の河川で堤防が決壊、越水し、合わせて死者24名、行方不明者5名など各地で多くの被害が発生。
平成29年7月	九州北部豪雨	平成29年7月5日、6日の大雨により、出水や山腹崩壊が発生。河川の氾濫、大量の土砂や流木の流出等により、死者38名、家屋の全半壊等1,420棟、家屋浸水1,613棟の甚大な被害が発生※。 ※死者数、家屋被害等は福岡県、熊本県、大分県の合計。
平成30年7月	平成30年7月豪雨（西日本豪雨）	西日本を中心に全国的に広い範囲で記録的な大雨となり、6月28日～7月8日までの総降水量が四国で1,800mm、東海で1,200mmを超えるところがあるなど、7月の月降水量平年値の4倍となる大雨となったところがあった。特に長時間の降水量が記録的な大雨となり、アメダス観測所等（約1,300地点）において、24時間降水量は77地点、48時間降水量は125地点、72時間降水量は123地点で観測史上1位を更新。この広域的かつ同時多発的な河川の氾濫、内水氾濫、土石流等が発生し、死者・行方不明者271名、住家の全半壊等18,125棟、床上浸水6,982棟の極めて甚大な被害が発生。避難指示（緊急）は最大で915,849世帯・2,007,849名に発令され、その際には985,555世帯・2,304,296名に避難勧告を発令。また、断水が最大263,593戸で発生するなど、ライフラインにも甚大な被害が発生。
令和元年10月	令和元年東日本台風	令和元年10月6日に南鳥島近海で発生した台風第19号は、12日19時前に大型で強い勢力で伊豆半島に上陸した。台風第19号の接近・通過に伴い、広い範囲で大雨、暴風、高波、高潮が発生。 10日から13日までの総降水量が、神奈川県箱根で1,000mmに達し、東日本を中心に17地点で500mmを超えた。特に静岡県や新潟県、関東甲信地方、東北地方の多くの地点で3、6、12、24時間降水量の観測史上1位の値を更新するなど記録的な大雨となった。降水量について、6時間降水量は89地点、12時間降水量は120地点、24時間降水量は103地点、48時間降水量は72地点で観測史上1位を更新。 令和元年台風第19号の豪雨により、極めて広範囲にわたり、河川の氾濫や崖崩れ等が発生。これにより、死者・行方不明者108名、住家の全半壊等31,336棟、床上浸水7,524棟の極めて甚大な被害が広範囲で発生。
令和2年7月	令和2年7月豪雨	令和2年7月3日から8日にかけて、梅雨前線が華中から九州付近を通り東日本に延びて停滞し、西日本や東日本で大雨となり、特に九州では4日から7日は記録的な大雨となった。また、岐阜県周辺では6日から激しい雨が断続的に降り、7日から8日にかけて記録的な大雨となった。その後も前線は本州付近に停滞し、西日本から東北地方の広い範囲で雨が降り、特に13日から14日にかけては中国地方を中心に、27日から28日にかけては東北地方を中心に大雨となった。 7月3日から7月31日までの総降水量は、長野県や高知県の多い所で2,000mmを超えたところがあり、九州南部、九州北部地方、東海地方、及び東北地方の多くの地点で、24、48、72時間降水量が観測史上1位の値を超えた。この大雨により、球磨川や筑後川、飛騨川、江の川、最上川といった大河川での氾濫が相次いだほか、土砂災害、低地の浸水等が多く発生。また、西日本から東日本の広い範囲で大気の状態が非常に不安定となり、埼玉県三郷市で竜巻が発生したほか、各地で突風による被害が発生した。 7月3日から31日にかけての7月豪雨により、死者・行方不明者86名、住家の全半壊等6,129棟、床上浸水1,652棟の甚大な被害が発生。
令和3年7月	令和3年7月1日からの大雨	7月上旬から中旬にかけて梅雨前線が日本付近に停滞し、各地で大雨となった。7月1日から3日は、静岡県の複数の地点で72時間降水量の観測史上1位の値を更新するなど、東海地方や関東地方南部を中心に大雨となった。7月7日から8日は、中国地方を中心に日降水量が300mmを超える大雨となった。7月9日から10日は、鹿児島県を中心に総雨量が500mmを超える大雨となった。7月12日は、1時間降水量の観測史上1位の値を更新するなど、島根県や鳥取県を中心に大雨となった。 死者22名、行方不明者6名、住家の被害2,565棟の甚大な被害が広範囲で発生。 土砂災害発生件数267件（土石流等：28件、地すべり：8件、崖崩れ：231件）。特に静岡県熱海市伊豆山の逢初川で発生した大規模な土石流により、人的被害、住家被害等の極めて甚大な被害が発生。 29水系60河川で氾濫や河岸侵食等による被害が発生。 高速道路等12路線12区間、直轄国道6路線9区間、都道府県等管理道路64区間で被災が発生。 　消防庁「令和3年7月1日からの大雨による被害及び消防機関等の対応状況（第31報）」（令和3年7月29日） 　国土交通省「令和3年7月1日からの大雨による被害状況等について（第20報）」（令和3年8月6日）
令和4年8月	令和4年8月3日からの大雨	8月3日から中旬にかけて、前線等の影響で各地で大雨となり、北海道地方、東北地方、北陸地方を中心に記録的な大雨となった。8月3日から4日にかけては複数の地点で24時間降水量が観測史上1位の値を更新した。特に新潟県と山形県では複数の線状降水帯が発生したことなどにより、解析雨量による総雨量が600mmを超える記録的な大雨となった。 死者2名、行方不明者1名、住家の被害7,415棟の甚大な被害が広範囲で発生。 土砂災害発生件数206件（土石流等：89件、地すべり：14件、崖崩れ：103件） 51水系132河川で氾濫による被害が発生。 高速道路等14路線28区間、直轄国道12路線16区間、都道府県等管理道路60区間で被災による通行止めが発生。 　消防庁「令和4年8月3日からの大雨及び台風第8号による被害及び消防機関等の対応状況（第32報）」（令和5年3月24日） 　国土交通省「8月3日からの大雨による被害状況等について（第26報）」（令和4年11月14日）

資料）国土交通省

| 図表14 | 「流域治水関連法」全面施行を踏まえた施策 |

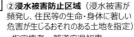

特定都市河川指定 全国の河川へ指定拡大
（国管理区間有：大臣指定、国管理区間無：知事指定）

流域水害対策協議会 計画策定・対策実施
構成員：河川管理者、下水道管理者、都道府県、市町村等

流域水害対策計画 策定　浸水被害の発生を防ぐべき目標となる降雨に対し、概ね20～30年の間に実施する取組を定める

特定都市河川法の制度・施策等
＜制度・施策等の活用主体＞
河川管理者等　都道府県
市町村　　　　民間事業者・住民等

遊水地・輪中堤・排水機場等のハード整備
・流域水害対策計画に位置付けられたメニューについて整備の加速化

水害リスクを踏まえた土地利用規制・住まい方の工夫等
①貯留機能保全区域（洪水等を一時的に貯留する機能を有する農地等を指定）
・指定権者：都道府県知事等
・盛土等の行為の事前届出を義務化
・届出内容に対し、必要に応じて助言・勧告が可能

雨水浸透阻害行為の許可
・宅地等以外の土地で行う流出雨水量を増加させるおそれのある行為を許可制とする
・対象：公共・民間、一定規模（1,000m²※）以上　※条例で基準強化が可能
・雨水貯留浸透施設の整備を義務付け

②浸水被害防止区域（浸水被害が頻発し、住民等の生命・身体に著しい危害が生じるおそれのある土地を指定）
・指定権者：都道府県知事
・都市計画法上の原則開発禁止
・住宅・要配慮者施設等の開発・建築行為を許可制とすることで安全性を確保

雨水貯留浸透施設の整備
①雨水貯留浸透施設整備計画の認定
・対象：民間事業者等が整備する施設
・規模要件：≧30m³（条例で0.1～30m³の間で基準緩和が可能）
・支援策：税制優遇、国庫補助（補助率1/2）、地方公共団体の管理協定制度
・固定資産税の減税：課税標準を1/6～1/2の間で市町村の条例で定める割合に軽減（参酌標準1/3）
②国有地の無償貸付又は譲与
・流域水害対策計画に基づく施設を設置する地方公共団体に対し、普通財産である国有地の無償貸付又は譲与が可能

資料）国土交通省

○　令和3年3月に策定・公表し、令和4年3月に取組状況の「見える化」を行った流域治水プロジェクトに基づき、堤防整備や河道掘削等の河川整備に加え、雨水貯留浸透施設や土地利用規制、利水ダムの事前放流など、あらゆる関係者の協働による治水対策に取り組んだ。

○　「既存ダムの洪水調節機能の強化に向けた基本方針（令和元年12月12日既存ダムの洪水調節機能強化に向けた検討会議決定）」に基づき、令和4年度の出水期は、全国延べ162ダムにおいて事前放流を実施し、ダムの水位を低下させて大雨や台風などによる出水に備えた。

○　浸水範囲と浸水頻度の関係を示す「水害リスクマップ（浸水頻度図）」について、外水氾濫を対象とした水害リスクマップを作成・公表し、国土交通省のウェブサイトに各水系の水害リスクマップを取りまとめたウェブサイト[35]を公開した。

○　ハザードマップを活用し、一人一人の避難行動計画をあらかじめ策定しておくマイ・タイムラインの取組が更に拡大するように、講師やファシリテーター育成を目的とした研修会の開催や、全国での先駆的な取組などの事例を取りまとめたマイ・タイムライン取組事例集[36]を公開した。

○　要配慮者利用施設において実効性のある避難体制が確保されるよう、施設管理者向けのリーフレットや解説動画を作成したほか、市町村職員向けの研修を実施した。

○　十勝川水系、阿武隈川水系、多摩川水系、関川水系について、河川整備の長期計画である河川整備基本方針を気候変動の影響による将来の降雨量の増大を考慮するとともに、流域治水の観点も踏まえたものへと見直しを行った。

○　流域治水が水循環施策の一部を構成するものであることを踏まえ、流域水害対策計画等が策定されている流域においては、流域マネジメントと流域治水の連携等を促進するよう、「流域マネジメントの手引き」の見直しの検討を進めた。

○　行政とマスメディアやネットメディア等が連携して、それぞれが有する特性を活かした対応、連携策を進める「住民自らの行動に結びつく水害・土砂災害ハザード・リスク情報共有プロジェクト」や、各地方における行政やメディアによる「メディア連携協議会」を令和4年度も実施し、関係者の連携策と情報共有方策の具体化などを検討の上、メディアを通じて河川の増水や氾濫へ

35　https://www.mlit.go.jp/river/kasen/ryuiki_pro/risk_map.html
36　https://www.mlit.go.jp/river/bousai/main/saigai/tisiki/syozaiti/mytimeline/pdf/torikumi_jirei.pdf

の注意喚起を呼び掛ける記者会見の取組など情報提供の充実を図った（**図表 15、16**）。

図表 15　住民自らの行動に結びつく水害・土砂災害ハザード・リスク情報共有プロジェクトの取組概念図

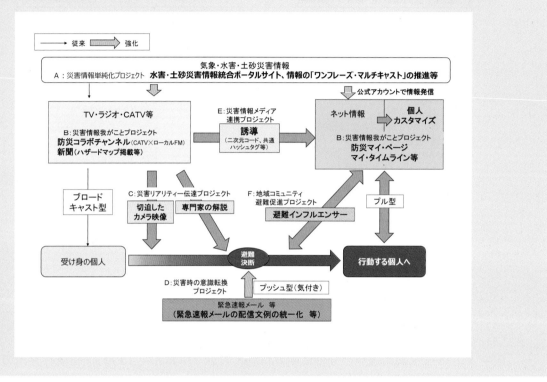

資料）国土交通省

図表 16　メディア連携協議会の構成

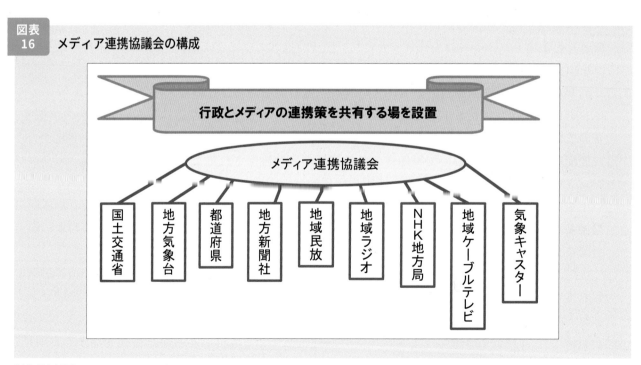

資料）国土交通省

○ 生態系を活用した防災・減災（Eco-DRR[37]）を推進するため、かつての氾濫原や湿地等の再生による流域全体での遊水機能等の強化に向けた「生態系保全・再生ポテンシャルマップ」の作成・活用方策の手引とその材料となる全国規模のベースマップを公開した。

○ 山地災害に関しては、被害を未然に防止し、軽減する事前防災・減災の考え方に立ち、地域の安全性の向上に資するため、治山施設を設置するなどのハード対策や、地域における避難体制の整備などのソフト対策と連携して、山地災害危険地区に関する情報を地域住民に提供するなどの取組を総合的に推進した。また、流域治水と連携しつつ、浸透・保水能力の高い土壌を有する森林の維持・造成や流木対策を推進した。

○ 土砂災害は、住民の「いのち」を奪う可能性が高い災害であると同時に、土砂の堆積などにより復旧や復興に多くの時間と労力を要し、地域の社会生活や経済活動など「くらし」に与える影響が大きな災害である。このため、豪雨などにより発生する土砂災害について、被害を最小限にとどめ地域の安全性の向上を図ることを目的として、砂防設備を整備することにより土砂・洪水氾濫や土石流及びこれらに伴う流木への対策を行うとともに、警戒避難体制の充実・強化等を行い、ハード・ソフト一体となった総合的な土砂災害対策を推進した。

○ 農家と非農家の混住化が進む農村地域では、近年の宅地化等による流域開発に伴う排水量の増加、集中豪雨の発生頻度の増加等により、農地のみならず家屋・公共施設等においても浸水被害の発生が懸念されることから、農業生産性の維持・向上と併せ、地域の防災・減災力の向上を図るため、排水機場の老朽化対策等の農業水利施設の機能回復・強化を図った。

○ 「田んぼダム」は、水田の落水口に流出量を抑制するための堰板や小さな穴の開いた調整板などの器具を取り付けることで、水田に降った雨水を時間をかけてゆっくりと排水し、水路や河川の水位の上昇を抑えることで、地域の湛水被害リスクを低減するための取組である（**写真6**）。「田んぼダム」に係る学識経験者、実務経験者、研究機関、農林水産省及び国土交通省から成る検討会における議論・意見を踏まえて取りまとめた、「「田んぼダム」の手引き[38]（令和4年4月）」を公表するとともに、「田んぼダム」の実施に必要な畦畔や排水桝の整備等を支援する制度を拡充するなどして、「田んぼダム」の取組の推進を支援した。

| 写真6 | 「田んぼダム」の実例 |

資料）農林水産省

○ 数多くの甚大な災害をもたらしてきた線状降水帯について、全国を11地域に分けた「地方予報区」と呼んでいる広域を対象に、線状降水帯による大雨となる可能性を半日程度前から気象情報において呼び掛ける取組を令和4年6月から開始した。

---

37 Eco-DRR：Ecosystem-based Disaster Risk Reduction
38 https://www.maff.go.jp/j/nousin/mizu/kurasi_agwater/ryuuiki_tisui.html

○　令和4年6月に、キキクル（危険度分布）へ「警戒レベル5」相当の「災害切迫」（黒）を新設するとともに、「非常に危険」（うす紫）と「極めて危険」（濃い紫）を統合し「警戒レベル4」相当の「危険」（紫）に一本化した（**図表17**）。また、大雨特別警報（浸水害）についても、キキクルの技術を用いた指標を基準値として設定し、運用を開始した。

図表 17　キキクルの例

資料）気象庁

○　国管理河川の指定河川洪水予報の「氾濫危険情報」において、急な水位上昇にもリードタイムをもって対応できるよう、必要なときに予測に基づいていち早く警戒を呼び掛けるように改善した（令和4年6月）。

○　高潮の早期注意情報の提供を令和4年9月から開始した。

○　JETT（気象庁防災対応支援チーム）を派遣するための気象台の体制を一層強化して地方自治体へきめ細かに解説を実施するとともに、市町村や住民の防災気象情報等に対する理解促進の取組等を推進した。また、コロナ禍のため自治体の防災現場に入ることが難しい場合でも、Web会議ツール等を活用して気象台の危機感を自治体へ伝えるなど、切れ目なく自治体支援に取り組んだ。

イ 大規模災害時等における水供給・排水システムの機能の確保等

　社会インフラは国民生活及び産業活動を支える重要な基盤であり多岐にわたるが、例えば水インフラにおいて、近年の地震などの大規模災害時には、施設の被災やエネルギー供給の停止に伴う水供給施設の広域かつ長期の断水や、汚水処理施設の機能停止が発生する等、脆 弱 性が顕在化した（**図表 18**）。

　さらに、今後想定される大規模な災害の発生に際しては、水インフラが被災して、復旧に要する期間が長期化した場合、水供給や排水処理に甚大な支障を来し、その結果、深刻な衛生問題が発生することや、地下水が汚染されることが懸念される。しかしながら、水インフラにおける耐震化などの対策はいまだ十分とは言えない状況であるため、防災・減災対策を推進していかなければならない。

　このことから、大規模災害時に、国民生活や社会経済活動に最低限必要な水供給や排水処理が確保できるよう、水インフラの被災を最小限に抑えるための耐震化等の推進や業務（事業）継続計画[39]（BCP[40]）の策定とその実施、水インフラ復旧における相互応援体制整備や人材育成にもつながる訓練の実施、水道施設における他の系統から送配水が可能となる水供給システムや貯留施設の整備、応急給水等の体制の強化や汚水処理施設におけるネットワークの相互補完化、地下水等の一時利用に向けた取組等を推進している。

　国土交通省では、大規模自然災害の発生又はおそれのある際に被災自治体等を迅速かつ的確に支援することを目的に、緊急災害対策派遣隊（TEC-FORCE）を平成20年4月に創設して、被災状況の把握、被害の拡大の防止、被災地の早期復旧等に対する技術的な支援等、被災地の復旧・復興のための活動を実施している。

　水道事業等の災害発生時に備えた対応として、応急給水・応急復旧の相互応援訓練を公益社団法人日本水道協会の枠組み等において実施するとともに、応急資機材の確保状況などの情報を共有し、体制整備を図っている。また同様に、工業用水道事業の災害時における対応として、全国的な応援活動を行える体制を整備しており、全国7地域（東北、関東、東海四県・名古屋、近畿、中国、四国及び九州）で相互応援体制を構築している。

　農業農村整備事業に係る大規模災害時の対応として、農林水産省は、国立研究開発法人農業・食品産業技術総合研究機構（農村工学研究部門）の専門家や地方農政局の地質官、災害査定官を被災地に派遣し、技術的な助言・指導を行うとともに、農地・農業用施設の被害の全容を早期に把握するため全国の農林水産省の農業土木技術職員（MAFF-SAT）を派遣する等、復旧工事の早期着手に向けた支援を行っている。

　山地災害発生時の対応として、林野庁は、森林管理局等の職員（MAFF-SAT）や国立研究開発法人森林研究・整備機構の専門家の派遣等により、災害調査や復旧計画策定に当たる自治体の支援等を行うとともに、山地災害に係る災害復旧等事業により復旧対策を実施している。

　災害時を含め水質汚濁事故が発生した場合、特定事業場等の設置者は「水質汚濁防止法」に基づき都道府県等への事故時の措置について報告が義務付けられており、これらの情報を都道府県等と国が共有し、連絡協力するための体制を構築している。

39　行政や企業等が自然災害等の緊急事態に遭遇し、人、物、情報などの利用できる資源に制約がある状況下において、優先的に実施すべき業務（事業）を特定するとともに、その執行体制や対応手順、継続に必要な資源の確保等をあらかじめ定めておく計画。
40　BCP：Business Continuity Plan

図表18	地震、水害等による水道施設の被害事例			

災害等名称	発生年月	被災地	被害内容
阪神・淡路大震災 （M7.3 震度7）	H7.1	兵庫県ほか	施設被害：9府県81水道 断水戸数：約130万戸 断水日数：最大90日
新潟県中越沖地震 （M6.8 震度6強）	H19.7	新潟県ほか	施設被害：2県9市町村 断水戸数：約5.9万戸 断水日数：最大20日
東日本大震災 （M9.0 震度7）	H23.3	岩手県、宮城県、福島県ほか	施設被害：19都府県264水道 断水戸数：約257万戸 断水日数：最大約5か月 （津波被災地区等を除く）
新潟・福島豪雨	H23.7	新潟県ほか	施設被害：2県15市町 断水戸数：約5.0万戸 断水日数：最大68日
平成23年 台風第12号	H23.9	和歌山県、三重県、奈良県ほか	施設被害：13府県 断水戸数：約5.4万戸 断水日数：最大26日 （全戸避難地区除く）
平成27年 関東・東北豪雨	H27.9	宮城県、福島県、茨城県、栃木県	施設被害：4県12水道 断水戸数：約2.7万戸 断水日数：最大11日
熊本地震 （M7.3 震度7）	H28.4	熊本県、大分県ほか	施設被害：7県34市町村 断水戸数：約44.6万戸 断水日数：最大約1か月
平成30年7月豪雨 （西日本豪雨）	H30.7	岡山県、広島県、愛媛県ほか	施設被害：18道府県80市町村 断水戸数：約26.0万戸 断水日数：最大38日
令和元年 房総半島台風	R1.9	千葉県、東京都、静岡県	施設被害：3都県38市町村 断水戸数：約14.0万戸 断水日数：最大17日
令和元年 東日本台風	R1.10	宮城県、福島県、茨城県ほか	施設被害：14都県105市町村 断水戸数：約16.8万戸 断水日数：最大約1か月
令和2年 7月豪雨	R2.7	山形県、熊本県、大分県ほか	施設被害：17都県47市町村 断水戸数：約3.8万戸 断水日数：最大56日
福島県沖の地震 （M7.4 震度6強）	R4.3	岩手県、宮城県、福島県ほか	施設被害：5県20市町村3水道 断水戸数：約7.0万戸 断水日数：最大7日
令和4年 台風第15号	R4.9	静岡県	施設被害：1県7市町村 断水戸数：約7.6万戸 断水日数：最大13日

資料）厚生労働省資料及び内閣府資料を基に国土交通省作成

（河川）

○ 令和4年8月3日からの大雨においては、停滞した前線等の影響により、東北・北陸地方の日本海側を中心に多数の地点で平年の8月の降水量を超える記録的な大雨となり、河川の氾濫が各地で発生し、甚大な家屋浸水被害等が発生した。このため、1道18県27市町村へTEC-FORCEを派遣し、排水ポンプ車による浸水排除を行ったほか、各地で被災状況調査を実施するなど、被災地の早期の復旧・復興を支援した。

　　また、台風第14号では九州を中心に西日本で記録的な大雨や暴風となり、宮崎県及び熊本県の各県内で道路被災による孤立が多数発生したほか、土砂崩れや浸水等の被害が発生した。このため1道2府31県33市町村へTEC-FORCEを派遣し、リエゾン活動、気象情報の提供（JETT）、被災状況調査、応急対策活動などの自治体支援を実施した。

　　台風第15号では静岡県を中心に発達した積乱雲が流れ込み続け、線状降水帯が発生するなどして猛烈な雨が降り続き、各地で記録的な大雨となり、この影響で、静岡県内では土砂崩れや浸水の被害のほか、大規模な停電や断水が発生した。このため3県5市町村へTEC-FORCEを派遣し、

リエゾン活動、気象情報の提供（JETT）、被災状況調査や自治体が管理する公共施設の復旧に関する技術支援などを実施した（**図表 19**）。

図表 19 TEC-FORCE の派遣実績グラフ

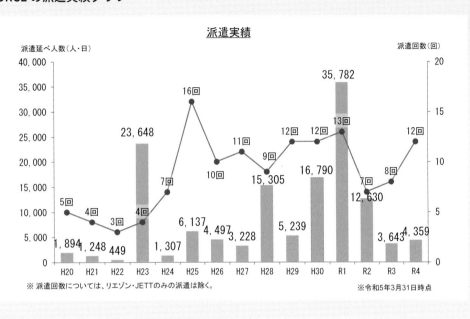

※ 派遣回数については、リエゾン・JETTのみの派遣は除く。　　※令和5年3月31日時点

資料）国土交通省

（下水道）

○ 大規模災害時等でも、生活空間での汚水の滞留や未処理下水の流出に伴う伝染病の発生、浸水被害の発生を防止するとともに、トイレ機能の確保を図る等、下水道の果たすべき機能を維持するため、下水道施設の耐震化や耐水化を図る「防災」と、「マンホールトイレ」の整備や、地震や水害、大規模停電等に対応した下水道 BCP の策定など、被災を想定して被害の最小化を図る「減災」を組み合わせた総合的な災害対策を推進しており、地方公共団体が策定する下水道総合地震対策計画に位置付けられた地震対策事業に対し、防災・安全交付金等による支援を行った。

（水道）

○ 東日本大震災で得られた知見等を反映した「水道の耐震化計画等策定指針（平成 27 年 6 月）」及び「水道の耐震化計画策定ツール（平成 27 年 6 月）」、「重要給水施設管路の耐震化計画策定の手引き（平成 29 年 5 月）」等を提供 [41] し、水道事業者等に対する技術的支援を引き続き行うとともに、水道施設の耐災害性強化に係る 5 か年の加速化対策に取り組んだ。また、水道施設の耐震化等に対応するため、地方公共団体が行う水道施設の整備の一部に対し、生活基盤施設耐震化等交付金等による財政支援を行った。さらに、業務継続の観点を踏まえ、水道事業者に対し、災害等の事象ごとに危機管理マニュアルの策定を行うよう指導を行った。

○ 公益社団法人日本水道協会では、地震等緊急時における水道事業者間の相互応援の仕組み等を定めた「地震等緊急時対応の手引き」を作成し、全国的な応援体制を構築している。同協会は、近年の災害の教訓を踏まえて同手引きを改訂（令和 2 年 4 月）し、水道事業者等が応急給水・応急復旧マニュアルを整備するために必要なデータや具体的な計画作業内容等を例示するなどの技術的支援を行った。また、水道事業者等においては、同協会の枠組み等の下、応急給水・応急復旧の相互応

41 https://www.mhlw.go.jp/stf/seisakunitsuite/bunya/topics/bukyoku/kenkou/suido/taishin/index.html

援訓練を実施するとともに、応急資機材の確保状況などの情報を共有し、体制整備を図った。
○ 「新水道ビジョン（平成25年3月）」において、相互融通が可能な連絡管の整備や事故に備えた緊急対応的な貯留施設の確保を推進しており、生活基盤施設耐震化等交付金により水道事業者等に対し財政支援を行った。

（農業水利施設）
○ 「土地改良長期計画（令和3年3月23日閣議決定）」に基づき、農業水利施設の施設管理者の業務継続計画（BCP）の作成を推進した。
○ 大規模な災害や事故が発生した際、用水供給の確保や湛水被害の解消を図るため、関係機関等と連携し、現場状況に応じてポンプ設置や応急対策工事等を迅速に行った。

（森林）
○ 大規模災害等の発災時においては、国の技術系職員の派遣（MAFF-SAT）、地方公共団体や民間コンサルタント等と連携した災害調査、復旧方針の策定など被災地域の復旧支援を行った。また、異常な天然現象により被災した治山施設について、治山施設災害復旧事業により復旧を図り、新たに発生した崩壊地等のうち緊急を要する箇所について、災害関連緊急治山事業等により早期の復旧整備を図った（**写真7**）。

写真7　治山事業による山地災害の復旧（福岡県田川郡福智町）

被災直後

（平成21年7月撮影）

施工直後

（平成22年10月撮影）

施工後約10年後

（平成30年9月撮影）

資料）林野庁

（工業用水）
○ 工業用水道事業に関しては、大規模災害時における工業用水道事業の緊急時対応として、「工業用水道事業における災害相互応援に関する基本的ルール（一般社団法人日本工業用水協会）」に基づき、地域をまたぐ全国的な応援活動を行える体制を整備しており、令和3年3月末までに、全国7地域（東北、関東、東海四県・名古屋、近畿、中国、四国及び九州）で相互応援体制を構築した。一般社団法人日本工業用水協会と連携し、令和4年10月に当該ルールを改定し、周知を行った。
　　また、応急復旧に必要な資機材に関する備蓄情報データベースを構築しており、情報共有を図っている。
○ 災害時における工業用水の有効活用を進めるため、工業用水道事業担当者ブロック会議等を活用し、工業用水の更なる有効活用のための普及啓発に努めた。

（地下水）

○　戦略的イノベーション創造プログラム（SIP）において水循環モデルを用いた「災害時地下水利用システム」の研究開発が進められ、地下水流動の解析・可視化等の技術が高度化されたことから、関連情報を地下水マネジメント推進プラットフォームのウェブサイトにおいて提供した。【再掲】第2章1地下水に関する情報の収集、整理、分析、公表及び保存

（環境）

○　都道府県等における水質汚濁事故発生時の措置の徹底や国への情報共有が円滑に行われるよう、働き掛けを行った。

3　水インフラの戦略的な維持管理・更新等

　水インフラは国民生活及び産業活動を支える重要な基盤である。水インフラは、戦後の昭和20年代から特に高度経済成長期以降に急速に整備され、戦後の復興と発展を支える重要な役割を果たしてきた。しかし、近年、更新等が必要な時期を迎え老朽化した施設の割合が急速に増えており、今後、地震などの災害に起因する大規模災害の発生も想定した上で、老朽化した施設の戦略的な維持管理・更新や耐震化等を行い、リスクの低減に向けた取組を継続的に推進していく必要がある（**図表20、21、22、23**）。

図表20　水道管路経年化率※の推移

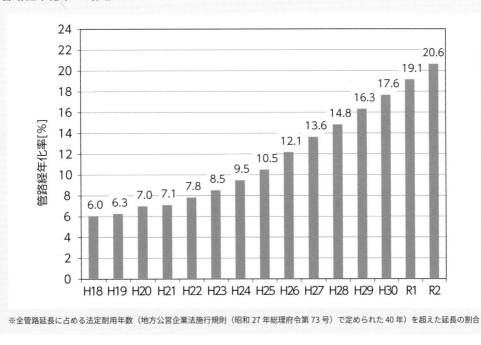

※全管路延長に占める法定耐用年数（地方公営企業法施行規則（昭和27年総理府令第73号）で定められた40年）を超えた延長の割合

資料）厚生労働省

図表 21 下水管路の布設年度別管理延長

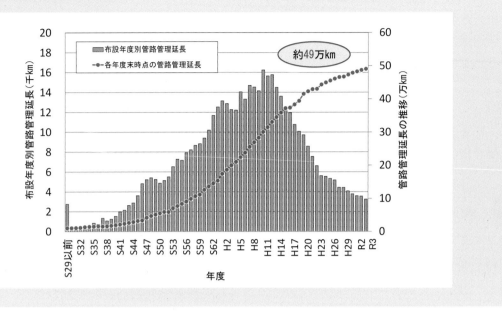

資料）国土交通省

図表 22 下水処理場の年度別供用箇所数

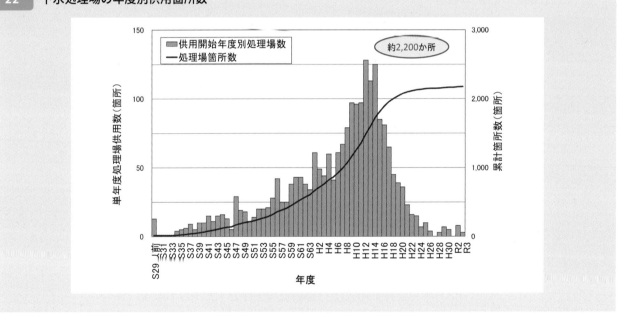

資料）国土交通省

図表23　工業用水道の管路経年化率の推移

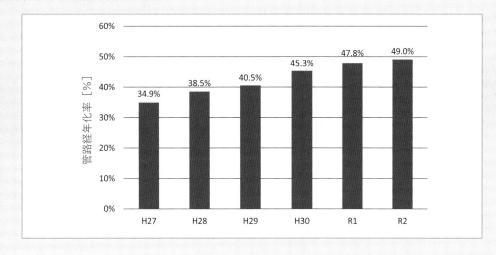

資料）総務省「地方公営企業年鑑」を基に経済産業省作成

ア　上下水道・工業用水道におけるストックマネジメント

　地方公共団体が主体となり実施されてきた水道事業、下水道事業、工業用水道事業等は、人口減少などの社会的状況の変化に伴う水使用量の減少等により料金収入等が必ずしも十分とは言えないものもあり、老朽化する施設の維持管理・更新に備え、事業基盤の強化を図ることが重要である。

　これらへの対応として、国や地方公共団体等は、「インフラ長寿命化計画」及び「個別施設毎の長寿命化計画（個別施設計画）」を策定し、これら計画に基づく戦略的な維持管理・更新を推進している。また、必要に応じて施設の統廃合や規模の縮小、事業の広域化等による施設の再構築、経営の統合や管理の共同化・合理化を図るとともに、民間の資金力や技術力の活用を図るための官民連携の検討も進められている。

　また、水道の基盤強化を図り、将来にわたって安全な水を安定的に供給するため、「広域連携の推進」、「適切な資産管理の推進」及び「多様な官民連携の推進」を三本柱として、平成30年12月に「水道法（昭和32年法律第177号）」が改正された。特に「適切な資産管理の推進」については、水道施設の更新に要する費用を含めて事業の収支見通しを作成し、長期的な観点から水道施設の計画的更新に努める義務の創設により、必要な財源を確保した上で、水道施設の更新や耐震化を着実に進展させ、地震などの災害に強い水道の構築を図ることとした。加えて、適切な資産管理の前提となる水道施設の台帳整備等を義務付けた。

　下水道においては、平成27年の「下水道法」改正により、持続的なマネジメントの強化に向けて、下水道施設の適切な点検を規定した維持修繕基準を創設するとともに、事業計画の記載事項として、点検の方法や頻度について記載することとした。また、このような適正な施設管理を進めるため、点検・調査、修繕・改築の計画策定から対策実施まで、一連のプロセスを対象に「個別最適」ではなく、「全体最適」に基づくストックマネジメントの手法や考え方についてガイドラインを示すとともに、財政面の支援も行っている。

　工業用水道においては、今後増大する施設の老朽化対策及び耐震化事業を合理的かつ適切に実施されるとともに確実な事業経営を目指すよう、平成25年3月に「工業用水道施設　更新・耐震・アセットマネジメント指針」を策定し、工業用水道事業費補助金において、平成28年4月から実施する新規事業については、当該指針に基づく計画を策定していることを補助採択の要件とし、耐震化・浸水・停電対策を促進している。

（水道）

○ 水道事業者による個別施設計画の策定が着実に進むよう、個別施設計画の策定状況のフォローアップを行うとともに、個別施設計画策定に関する要請を行った。

○ 水道事業者がアセットマネジメントを実施する際に参考となる手引や簡易支援ツール、好事例集のほか、水道施設の点検を含む維持・修繕に当たって参考となるガイドラインや新技術の事例集、水道施設台帳の義務、水道施設の計画的な更新等の努力義務について周知することで適切な資産管理を促進した。

○ 水道事業における官民連携の導入に向けた調査、検討に関する事業を引き続き実施した。具体的には、官民連携の導入を検討している地方公共団体に対して、コンセッション方式[42]を含めた官民連携の導入可能性の検討を行う等、具体的な案件形成に向けた取組を推進できるよう支援を行った。その他、水道分野における官民連携推進協議会を開催し、コンセッション事業等に関する国の取組状況について情報提供を行うとともに、先行的に取り組んでいる事例を紹介すること等により、地方公共団体による官民連携事業の活用を促進した。

（下水道）

○ 中長期的な汚水処理施設の統合・広域化を含めた効率的な整備・運営管理に向けて、持続可能な汚水処理事業に向けた広域化・共同化計画の策定を支援した。

○ 下水道事業では、民間の経営ノウハウ、資金力、技術力の活用を図るため「下水道事業におけるPPP/PFI手法選択ガイドライン」を、主に導入未経験の地方公共団体に対し分かりやすく解説するために改正（令和5年3月）しており、コンセッション方式を始めとした官民連携手法の導入について支援した。

○ 下水道施設の戦略的な維持管理・更新等のため、下水道革新的技術実証事業において、人工知能（AI）を活用した、効率的な下水道施設の維持管理技術の実証を行った。

（工業用水）

○ 令和4年3月に「経済産業省インフラ長寿命化計画（行動計画）」を改定するとともに、地域において開催された工業用水道事業担当者ブロック会議等において、工業用水道事業者に対し、行動計画及び工業用水道事業の個別施設計画の策定と更新を要請した。

○ 工業用水道事業担当者等を対象として工業用水道基礎研修を開催し、「工業用水道施設　更新・耐震・アセットマネジメント指針（平成25年3月）」の理解醸成を図り、工業用水道事業者における更新・耐震化計画の策定を推進した。

○ 工業用水道分野において先行するコンセッション事業等により蓄積された知見を反映し、令和3年8月に「工業用水道事業におけるPPP/PFI導入の手引書」を改定するとともに、経済産業省と厚生労働省が共同で開催する「水道分野における官民連携推進協議会」において手引書に関する情報提供を行い、工業用水道事業における多様なPPP/PFIの導入検討を促進した。

イ　農業水利施設におけるストックマネジメント

　頭首工や農業用用排水路などの農業水利施設は、我が国の安定的な食料供給に資する重要な水インフラであるが、老朽化が進行する中、機能の保全と次世代への継承が重要な課題となっている。基幹的農業水利施設は、その多くが戦後から高度経済成長期にかけて整備されてきたことから、現在、更新等が必要な施設が多数存在し、標準耐用年数を超過している施設数は、全国で全体の約5割となっ

42　施設の所有権を移転せず、民間事業者にインフラの事業運営に関する権利を長期間にわたって付与する方式。

ている（**図表24**）。

　また、経年的な劣化による農業水利施設の突発的な事故の発生も増加傾向にあり、施設の将来にわたる安定的な機能の発揮に支障が生じることが懸念されている（**図表25、26**）。

　このため、今後の基幹的農業水利施設の保全や整備においては、施設全体の現状を把握・評価し、中長期的に施設の状態を予測しながら施設の劣化とリスクに応じた対策を計画的に実施する必要があることから、ストックマネジメントにより、施設の長寿命化を図るとともに、維持管理費や将来の更新費用を考慮したライフサイクルコストの低減を図る取組を行う必要がある。また、ストックマネジメントを効率的かつ効果的に行うため、機能診断及び保全計画の策定の加速、機能診断結果や補修履歴などの施設情報の共有化並びに補修・補強における新技術の開発と現場への円滑な導入が検討されている。

図表24　基幹的農業水利施設の老朽化状況（令和2年度）

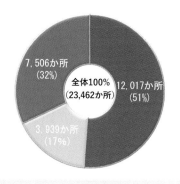

既に標準耐用年数を超過した施設
今後10年のうちに標準耐用年数を経過する施設
10年後も標準耐用年数を超過しない施設

全体100%（23,462か所）
12,017か所（51%）
7,506か所（32%）
3,939か所（17%）

資料）農林水産省

図表25　農業水利施設における突発事故の発生件数の推移

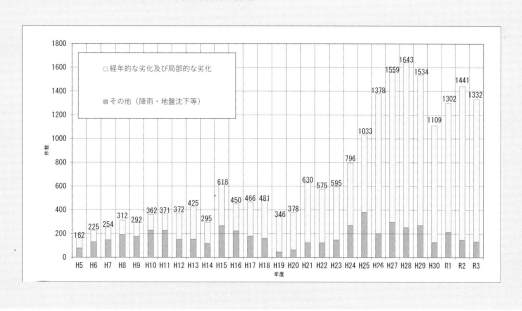

経年的な劣化及び局部的な劣化
その他（降雨・地盤沈下等）

資料）農林水産省

図表 26	耐用年数を迎える基幹的農業水利施設数（基幹的施設及び基幹的水路の施設数）

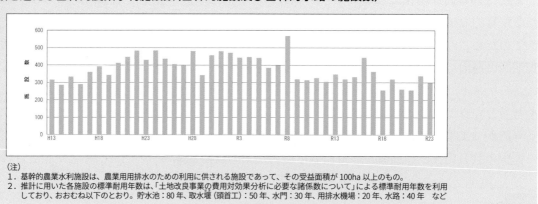

（注）
1．基幹的農業水利施設は、農業用用排水のための利用に供される施設であって、その受益面積が100ha以上のもの。
2．推計に用いた各施設の標準耐用年数は、「土地改良事業の費用対効果分析に必要な諸係数について」による標準耐用年数を利用しており、おおむね以下のとおり。貯水池：80年、取水堰（頭首工）：50年、水門：30年、用排水機場：20年、水路：40年　など

資料）農林水産省

○　農業水利施設の老朽化が進行する中、ドローン等のロボットやICT等も活用しつつ、施設の点検、機能診断、監視等を通じた計画的かつ効率的な補修・更新等により、施設を長寿命化し、ライフサイクルコストの低減を推進した。

○　農業用用排水路等の泥上げ・草刈り、軽微な補修、長寿命化、水質保全などの農村環境保全など地域資源の適切な保全管理等のための地域の共同活動を多面的機能支払交付金により支援した。

ウ　河川管理施設におけるストックマネジメント

　樋門、水門、排水機場等の河川管理施設については、洪水時等に所要の機能を発揮できるよう、施設の状態を把握し適切な維持管理を行う必要がある。河川整備の推進により管理対象施設が増加してきたことに加え、今後はそれら施設の老朽化が加速的に進行する中、「河川法（昭和39年法律第167号）」では、管理者が施設を良好な状態に保つように維持・修繕し、施設の点検を適切な頻度で行うことが規定されている（**図表27**）。

図表 27	河川管理施設数（国土交通省管理）の推移

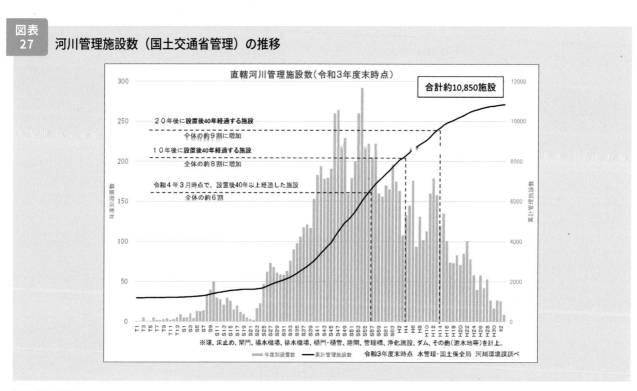

資料）国土交通省

○　これまで目視等により実施していた河川巡視について、ドローンと画像解析技術を活用し異常箇所を自動解析することで、河川巡視の高度化を図るための技術開発を進めており、令和4年度は画像解析のための教師データの収集を行った。

4　水の効率的な利用と有効利用

ア　水利用の合理化

生活用水については、漏水防止対策の進展によって、水道事業等（上水道事業及び水道用水供給事業）における有効率[43]は、世界の中でも極めて高い水準にある。

工業用水については、一度使った水を回収して再び使う取組が進められた結果、回収率[44]は著しく向上している。

農業用水については、取水口の更新や遠方監視・制御システムの導入により、施設の管理労力の大幅な削減を図るとともに、安定的な用水供給と地域全体への公平な用水配分を実現している。

○　農業構造や営農形態の変化に対応した水管理の省力化や水利用の高度化を図るため、水路のパイプライン化などの農業水利施設の整備を図るとともに、ICTを活用し水源から農地まで一体的に連携した水管理システムの構築に向けて検討を行った。

イ　雨水（あまみず）・再生水の利用促進

水資源の有効利用という観点から、雨水（あまみず）や下水処理水（再生水）の利用を積極的に推進している。

（雨水（あまみず）利用）

○　平成26年5月に施行された「雨水（あまみず）の利用の推進に関する法律（平成26年法律第17号）」に基づき、国、地方公共団体等はその区域の自然的社会的条件に応じて、雨水（あまみず）の利用の推進に関する施策を講じるとともに、広報活動等を通じた普及啓発の取組を推進している。

○　「雨水（あまみず）の利用の推進に関する法律」に基づき、国、独立行政法人等が、建築物を新たに建設するに当たり、その最下階床下等に雨水（あまみず）の一時的な貯留に活用できる空間を有する場合には、原則として、自らの雨水（あまみず）の利用のための施設を設置するという目標を掲げており、令和3年度の雨水利用施設を設置した国、独立行政法人等が建設した建築物は、「雨水（あまみず）の利用の推進に関する法律」に基づき定められた目標を達成した（令和4年12月公表）。

○　令和4年度雨水利用推進関係省庁等連絡調整会議及び令和4年度雨水利用に関する自治体職員向けセミナーにおいて、国、地方公共団体における災害時等における雨水（あまみず）の利用の推進を促した。

○　令和4年度雨水（あまみず）・再生水利用施設実態調査を実施し、雨水（あまみず）利用施設に関する基準、評価等の実態を調査し、公表した。

（再生水利用）

○　新世代下水道支援事業制度等により、せせらぎ用水、河川維持用水、雑用水、防火用水などの再生水の多元的な利用拡大に向け、社会資本整備総合交付金による財政支援を行った。

○　再生水の農業利用を推進するため、農業集落におけるし尿、生活雑排水などの汚水を処理する農業集落排水施設の整備、改築を実施した。

○　再生水の利用実態等を把握するため、再生水利用施設の利用用途や利用量等の調査を実施した。

43　浄水場から送水した水量に対して、水道管からの漏水量等を除き有効に給水された水量の割合。
44　淡水使用量に対する回収水（事業所内で一度使用した水のうち、循環して使用する水）の割合。

ウ　節水

限られた水資源を効率的に利用する観点から、節水の取組を推進している。

○　更なる節水を促進するため、最新の節水技術、節水型の機器等の研究、国民が水の大切さを理解し、水を賢く使う意識を醸成するための普及啓発、渇水時のウェブサイトを活用した情報提供等を実施した。

5　水環境

これまで、国民の健康を保護し、生活環境を保全することを目的として、公共用水域及び地下水における水質の目標である環境基準を設定し、これを達成するための排水対策、地下水汚染対策などの取組を進めることにより、水質汚濁を着実に改善してきた。一方で、湖沼や閉鎖性海域で環境基準を満たしていない水域の水質改善、地下水の汚染対策、生物多様性及び適正な物質循環の確保等、水環境には依然として残された課題も存在している。

このため、健全な水循環の維持又は回復のための取組を総合的かつ一体的に推進するために、各分野を横断して関係する行政などの公的機関、事業者、団体、住民等がそれぞれ連携し、引き続き息の長い取組が必要である。

公共用水域の水質を改善するためには汚水処理人口普及率を上昇させることが重要となる。このため、持続的な汚水処理システムの構築に向け、下水道、農業集落排水施設及び浄化槽のそれぞれの有する特性、経済性等を総合的に勘案して、効率的な整備・運営管理手法を選定する都道府県構想に基づき、適切な役割分担の下での生活排水対策を計画的に実施した（**図表28**）。

これら取組の結果、河川における水質環境基準（BOD[45]）の達成率は、95％付近で高い水準を保っており、現在では相当程度の改善が見られるようになっている。一方、湖沼の水質環境基準（COD[46]）の達成率は平成14年度までは40％台を横ばいで推移しており、平成15年度に初めて50％を超えたものの、それ以降50％〜60％程度と達成率は低い状況である（**図表29**）。

図表 28　**処理施設別汚水処理人口普及状況**

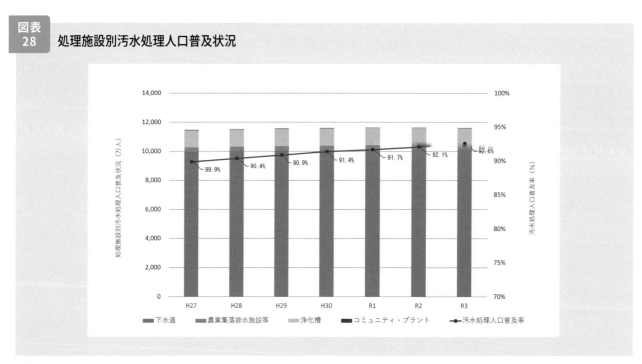

資料）環境省

45　生物化学的酸素要求量。
46　化学的酸素要求量。

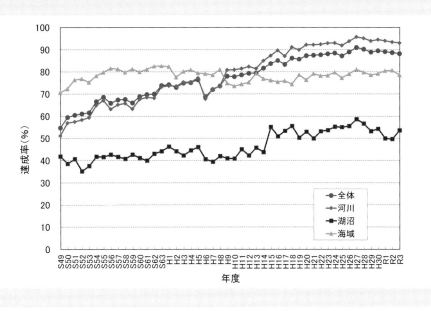

| 図表 29 | 環境基準達成率の推移（BOD 又は COD） |

資料）環境省

（水量と水質の確保の取組）

○　流域マネジメントを進めている地域では、流域水循環協議会が開催され、健全な水循環の維持・回復に向けた検討が行われた。

○　河川の水量及び水質について、河川整備基本方針等において河川の適正な利用、流水の正常な機能の維持及び良好な水質の保全に関する事項を定め、河川環境の適正な保全に努めた。また、ダム等の下流の減水区間における河川流量の確保や、平常時の自然流量が減少した都市内河川に対し下水処理場の再生水の送水等を行い、河川流量の回復に取り組んだ。

　　また、水質の悪化が著しい河川等においては、地方公共団体、河川管理者、下水道管理者等の関係機関が連携し、河川における浄化導水、植生浄化、底泥浚渫などの水質浄化や下水道等の生活排水対策など、水質改善の取組を実施した。

（環境基準・排水規制等）

○　公共用水域及び地下水の水質汚濁に係る環境基準の設定、見直し等について適切な科学的判断を加えて検討を行った。

○　人の健康の保護に関する環境基準のうち、令和4年4月に六価クロムの基準値を強化した[47]。

○　生活環境の保全に関する環境基準のうち大腸菌群数について、令和4年4月により的確にふん便汚染を捉えることができる大腸菌数へ見直しを行った[48]。

○　平成27年度に生活環境の保全に関する環境基準として追加された底層溶存酸素量について、国が類型指定することとされている水域の内、令和4年12月に大阪湾（湾奥部のみ）及び伊勢湾の水域類型の指定を行った[49]。

○　工場・事業場からの排水に対する規制が行われている項目のうち、ほう素及びその化合物、ふっ素及びその化合物並びにアンモニア、アンモニウム化合物、亜硝酸化合物及び硝酸化合物について、一般排水基準を直ちに達成することが困難であるとの理由により暫定排水基準が適用されている

47　水質汚濁に係る人の健康の保護に関する環境基準等の見直しについて（第6次答申）（http://www.env.go.jp/council/toshin/t09-r0302.pdf）
48　水質汚濁に係る生活環境の保全に関する環境基準の見直しについて（第2次答申）（http://www.env.go.jp/council/toshin/t09-r0301.pdf）
49　底層溶存酸素量に係る環境基準の水域類型の指定について（第2次答申）（https://www.env.go.jp/council/toshin/page_00374.html）

業種の見直し検討を行い、令和4年7月から一部業種については暫定排水基準を強化した上で適用期間を延長し、その他については一般排水基準に移行することを決定した。

（汚濁負荷削減等）

○　合流式下水道の雨天時越流水による汚濁負荷を削減するため、合流式下水道緊急改善事業制度等を活用し、雨水滞水池の整備等の効率的・効果的な改善対策を推進した。

○　みなし浄化槽（いわゆる単独処理浄化槽）から浄化槽への転換について、循環型社会形成推進交付金により転換費用の支援を実施するとともに、単独転換やくみ取り転換に必要な宅内配管工事費用及び撤去費についても支援を実施している。また、公共浄化槽制度や浄化槽台帳システムの整備等を通じた転換促進策を検討した。

○　単独処理浄化槽の合併処理浄化槽への転換と浄化槽の管理の向上については、令和2年4月に施行された「浄化槽法の一部を改正する法律（令和元年法律第40号）」において、緊急性の高い単独処理浄化槽の合併処理浄化槽への転換に関する措置、浄化槽処理促進区域の指定、協議会の設置、浄化槽管理士に対する研修の機会の確保などが新たに創設されており、同法に基づく取組の推進に向けた各種検討を行った。また、浄化槽台帳の整備の義務付けに伴い、整備支援策として環境省版浄化槽台帳システムを配布した。

○　国営環境保全型かんがい排水事業の実施により、牧草の生産性向上を図るためのかんがい排水施設の整備と併せて、地域の環境保全を図るための取組を実施した（**図表30**）。具体的には、家畜ふん尿に農業用水を混合し、効果的に農地に還元するための肥培かんがい施設の整備や、浄化機能を有する排水施設の整備を実施し、農用地等から発生する土砂や肥料成分等の汚濁負荷軽減に取り組んだ。

図表30　環境保全型かんがい排水事業の整備イメージ図

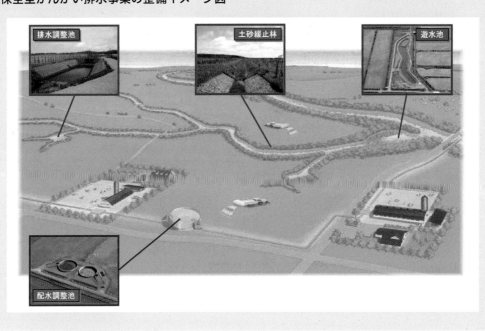

資料）農林水産省

○　地下水の水質汚濁に係る環境基準項目において特に継続して超過率が高い状況にある硝酸性窒素及び亜硝酸性窒素に対し、生活排水の適正な処理や家畜排せつ物の適正な管理、適正で効果的・効率的な施肥を行うことによる汚濁負荷の軽減を図るため、地下水の挙動、汚染状況、有効な対策等について、課題に応じたアドバイザーの紹介及び派遣を行い、関係自治体が助言を受ける場を設けること等により地域における取組の支援を行った。また、「硝酸性窒素等地域総合対策ガイドライン」の周知を図った。【再掲】第2章3地下水の採取の制限その他の必要な措置

○　河川におけるマイクロプラスチックの分布実態の把握に資するため、国内7河川において「河川マイクロプラスチック調査ガイドライン（令和3年6月）」に沿った調査を行った。また、湖沼マイクロプラスチックの調査ガイドライン作成に向けた調査も行い、令和5年3月にガイドラインを公表した。

（浄化・浚渫等）

○　水質の悪化が著しい河川等においては、地方公共団体、河川管理者、下水道管理者等の関係機関が連携し、河川における浄化導水、植生浄化、底泥浚渫などの水質浄化や下水道等の生活排水対策など、水質改善の取組を実施した。

○　侵食を受けやすい特殊土壌が広範に分布している農村地域において、農用地及びその周辺の土壌の流出を防止するため、承水路[50]や沈砂池[51]等の整備、勾配抑制、法面保護等を実施した。

（湖沼・閉鎖性海域等の水環境改善）

○　湖沼や閉鎖性海域等における水質改善を図るため、改築・更新時における高度処理の導入に加えて、既存の下水道施設の一部改造や運転管理の工夫等による段階的高度処理の導入に関する取組を推進した。

○　循環型社会形成推進交付金により、窒素又はリン対策を特に実施する必要がある地域において高度処理型の浄化槽の整備支援を実施した。

○　湖沼の水質、水生生物、水生植物、水辺地等を含む水環境の適正化を目指し、湖沼環境の改善に向けたモデル事業を地方公共団体に委託実施し、水質改善等の効果の検証を行った。

○　豊かな海の再生や生物の多様性の保全に向け、下水処理場において、冬期に下水放流水に含まれる栄養塩類の濃度を上げることで、不足する窒素やリンを供給する能動的運転管理の取組を推進した。また、能動的運転管理に関する技術資料等を公表するなど、更なる普及促進を図った。

○　水田かんがい用水等の反復利用により汚濁負荷を削減し、湖沼等の水質保全を図るため、循環かんがいに必要な基幹的施設（ポンプ場、用排水路等）の整備を実施した。

○　全国88の閉鎖性海域を対象とした窒素及びリンの排水規制並びに東京湾、伊勢湾及び瀬戸内海を対象とした水質総量削減制度に基づく化学的酸素要求量（COD）、窒素及びリンの削減目標量の達成に向けた取組を推進した。

また、「瀬戸内海環境保全特別措置法（昭和48年法律第110号）」の一部を改正する法律が令和4年4月に施行され、従来の汚濁負荷の削減一辺倒から、海域ごと、季節ごとのきめ細かな水質管理を念頭に置いた栄養塩類管理制度の導入や、藻場・干潟等の保全・再生・創出の取組の促進等により、地域が主体となった里海づくりの取組を更に進めることとなった。これを受け、栄養塩類管理計画の効果や影響の評価方法等を整理したガイドラインを令和4年3月に策定するとともに、関係府県の栄養塩類管理計画策定に対し補助金による支援を行った。また、令和4年度より「令和の里海づくりモデル事業」として藻場・干潟等の保全・再生・創出と地域資源の利活用

50　背後地からの水を遮断し、区域内に流出させずに排水するための水路。
51　取水又は排水の際に、流水とともに流れる土砂礫を沈積除去するための施設。

の好循環を描くことができる地域の取組を支援した。

　さらに、有明海・八代海等総合調査評価委員会での再生に係る評価に必要な調査や科学的知見の収集等を進め、審議の支援を図った。

（技術開発・普及等）

○　適用可能な段階にありながら、環境保全効果等について客観的な評価が行われていないために普及が進んでいない先進的環境技術を普及するため、湖沼・閉鎖性海域における水質浄化技術も対象とする環境技術実証事業を実施した。

○　ダム下流の河川環境の保全等のため、洪水調節に支障を及ぼさない範囲で洪水調節容量の一部に流水を貯留し、これを適切に放流するダムの弾力的管理や、河川の形状（瀬・淵等）等に変化を生じさせる中規模フラッシュ放流を行った（**写真8**）。あわせて、ダム上流における堆砂を必要に応じて下流河川に補給する土砂還元に努めた。

○　新技術の研究開発及び実用化を加速することにより、下水道事業における低炭素・循環型社会の構築やライフサイクルコスト縮減、浸水対策、老朽化対策等を実現し、併せて、本邦企業による水ビジネスの海外展開を支援するため、平成23年度より下水道革新的技術実証事業（B-DASHプロジェクト）を実施している。令和4年度は、B-DASHガイドライン説明会において、高効率で効果的な水処理技術などの下水道革新的技術実証事業の技術の導入ガイドライン（案）及び普及展開事例等について、技術説明等を行った。

| 写真8 | フラッシュ放流によるよどみ水の清掃 |

資料）国土交通省

（地域活動等）

○　地域共同で取り組む、農業用用排水路、ため池等における生物の生息状況や水質等のモニタリング、ビオトープづくりなどの水環境の保全に係る活動に対して支援を行った。

6　水循環と生態系

　森林、河川、農地、都市、湖沼、沿岸域等をつなぐ水循環は、国土における生態系ネットワークの重要な基軸である。そのつながりが、在来生物の移動分散と適正な土砂動態を実現し、それによって栄養塩を含む、健全な物質循環が保障され、沿岸域においてもプランクトンのみならず、動植物の生息・生育・繁殖環境が維持される（**図表31**）。

　また、水循環は、食料や水、気候の安定など、多様な生物が関わり合う生態系から得られる恵みである生態系サービスとも深い関わりがある。流域における適正な生態系管理は、生物の生息・生育・繁殖場の保全という観点だけでなく、水の貯留、水質浄化、土砂流出防止並びに海、河川及び湖沼を往来する魚類などの水産物の供給など、流域が有する生態系サービスの向上と健全な水循環の維持又は回復に資するこれらの背景を踏まえ、河川及びダム湖、湖沼・湿原、沿岸域及びサンゴ礁の各生態系において、生物の生息・生育状況に関する定期的・継続的な調査、モニタリングを実施している。

| 図表31 | 自然をつなぐネットワークの考え方 |

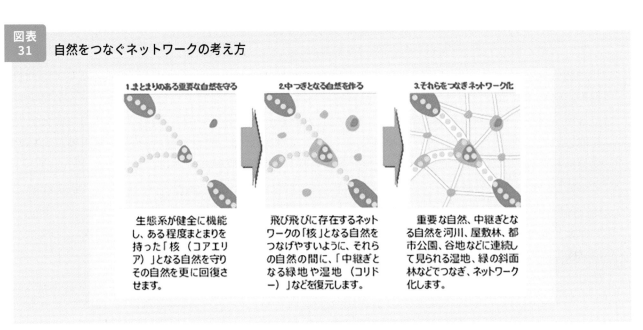

資料）国土交通省

（調査）

○　「河川水辺の国勢調査」等により、河川、ダム湖における生物の生息・生育状況等について定期的かつ継続的に調査を実施した。

○　自然環境の現状と変化を把握する「モニタリングサイト 1000（重要生態系監視地域モニタリング推進事業）」により、水循環に関わる生態系である湖沼・湿原、沿岸域及びサンゴ礁生態系に設置された約 300 か所の調査サイトにおいて、多数の専門家や市民の協力の下で湿原植物や水生植物の生育状況、水鳥類や淡水魚類、底生動物、サンゴ等の生息状況に関するモニタリング調査を行った。

（データの充実）

○　市民等の協力を得て全国の生物情報の収集及び共有を図るためのシステム「いきものログ[52]」を引き続き運用した。また、「モニタリングサイト 1000（重要生態系監視地域モニタリング推進事業）」において実施した調査結果を取りまとめ、ウェブサイト[53] で公開した。

○　国や地方公共団体の自然系の調査研究を行っている機関から構成される「自然系調査研究機関連絡会議[54]（NORNAC[55]（ノルナック））」を会場とオンラインの併用にて開催し、構成機関相互の情報交換・共有を促進し、ネットワークの強化を図り、科学的情報に基づく自然保護施策の推進に努めた。

52　https://ikilog.biodic.go.jp/
53　https://www.biodic.go.jp/moni1000/findings/reports/index.html
54　https://www.biodic.go.jp/relatedinst/rinst_main.html
55　NORNAC : Network of Organizations for Research on Nature Conservation

（生態系の保全等）

○　令和４年11月に特に水鳥の生息地として国際的に重要な湿地に関する条約（ラムサール条約）第14回締約国会議（COP14）が中国の武漢とスイスのジュネーブで開催され、決議 XII.10 に基づく「湿地自治体認証制度」について、新潟県新潟市と鹿児島県出水市の２市が、我が国として初となる認証を受けた。

○　令和４年10月から11月までにかけて、日豪中韓渡り鳥等協定等会議を約４年ぶりにオンラインで開催し、各国における渡り鳥等の保全施策及び調査研究に関する情報共有のほか、日豪、日中、日韓での今後の協力の在り方に関する意見交換を行い、令和６年に開催予定の次回会議までに取り組む事項を確認した。

○　令和５年３月には、東アジア・オーストラリア地域における渡り性水鳥保全のための国際的枠組みである東アジア・オーストラリア地域フライウェイ・パートナーシップ（EAAFP）の総会である第11回パートナー会議（the 11th Meeting of Partners; MOP11）がブリスベン（豪州）で開催された。各国における渡り性水鳥及びその生息地の保全に関する進捗状況や課題等について議論されたほか、今後の具体的な活動等に関する決定書が採択された。

○　平成28年４月に公表した「生物多様性の観点から重要度の高い湿地[56]」について、その生物多様性保全上の配慮の必要性の普及啓発を行った。

○　河川全体の自然の営みを視野に入れ、地域の暮らしや歴史・文化との調和にも配慮し、河川が本来有している生物の生息・生育・繁殖環境及び多様な河川景観を保全、創出するために河川管理を行う多自然川づくりを推進した。

○　生態系を活用した防災・減災（Eco-DRR）を推進するため、かつての氾濫原や湿地等の再生による流域全体での遊水機能等の強化に向けた「生態系保全・再生ポテンシャルマップ」の作成・活用方策の手引とその材料となる全国規模のベースマップを公開した。【再掲】

○　生物多様性の保全や地域振興・経済活性化に資する生態系ネットワークの形成を推進するため、学識者、地方公共団体、市民団体等が参加する「第７回水辺からはじまる生態系ネットワーク全国フォーラム」を令和５年３月にオンラインにて開催した。

○　河川、湖沼等における生態系の保全・再生のため、自然再生事業を全国６地区で実施するとともに、地方公共団体が行う自然再生事業を自然環境整備交付金により３地区で支援した。

　　また、河川、湖沼等を対象とした国内希少野生動植物種保全、特定外来生物防除対策、保護地域や重要湿地等の保全・再生などの、地域における生物多様性の保全・再生に資する先進的・効果的な活動を行う34の事業に対し生物多様性保全推進交付金により支援を行った。

　　さらに、生物多様性の保全上重要な地域と密接な関連を有する地域における生態系の保全・回復を図るため、京都府が桂川流域で行っている事業等に対し、生物多様性保全回復施設整備事業交付金により支援を行った。

○　農業農村整備事業において、農村地域における生態系ネットワークの保全・回復、河川等の取水施設における魚道の設置、魚類や水生植物等の生息・生育・繁殖環境の保全に配慮した水路整備を行う等、環境との調和に配慮した取組を実施してきており、更なる取組を推進するため、生態系配慮の事例や事業地区における生物調査の結果の周知を行った（**写真９**）。

　　また、農業農村整備事業における環境との調和に配慮した取組を効果的に実施するため、農業用ため池において環境 DNA 調査等による魚類等の生息状況等に関する調査を行い、環境配慮に係る情報として整備する等、魚類等を保全するための調査手法の検討を行った。

○　河川・湖沼・ため池等における外来種対策として、各地で特定外来生物の防除等を実施したこ

56　http://www.env.go.jp/nature/important_wetland/index.html

とに加え、宮城県伊豆沼・内沼ではオオクチバス等の違法放流対策を実施した。その他、滋賀県琵琶湖において、防除困難地域でのオオバナミズキンバイの防除手法検討を行った。生態系等へ悪影響を及ぼすアメリカザリガニ及びアカミミガメについて、「特定外来生物による生態系等に係る被害の防止に関する法律（平成16年法律第78号）」を改正し規制手法を整備するとともに、SNSを活用した普及啓発や「アメリカザリガニ対策の手引き（令和4年4月）」の作成にも取り組んだ。

　さらに、外来種問題の認識を高め、特定外来生物以外の生物も含めた侵略的外来種について、新たな侵入・拡散の防止を図るため、「入れない・捨てない・拡げない」の外来種被害予防三原則についてウェブサイトによる周知を行うなど普及啓発等に引き続き取り組んだ。

○　国立・国定公園における自然地域の保護管理の充実を図るため、公園区域の拡張等を行った。新規拡張箇所としては、令和4年9月に公園区域の拡張等を行った富士箱根伊豆国立公園（伊豆諸島地域）が挙げられる（写真10）。

○　「自然再生推進法（平成14年法律第148号）」に基づき、森林、湿原、干潟など多様な生態系を対象として、過去に損なわれた自然を再生する地域主導の取組を、関係機関等とも連携しつつ全国で実施した。また、令和元年12月に見直しを行った自然再生に関する施策を総合的に推進するための自然再生基本方針の普及啓発を図り、自然再生に関する取組を推進した。

写真9　環境との調和に配慮した水路（「岡山南部地区」の魚道）

資料）農林水産省

写真10　富士箱根伊豆国立公園

資料）環境省

（活動支援）

○　平成25年6月の「河川法」の改正により、河川環境の整備や保全などの河川管理に資する活動を自発的に行っている民間団体等を河川協力団体として指定し、河川管理者と連携して活動する団体として位置付け、団体としての自発的活動を促進し、地域の実情に応じた多岐にわたる河川管理を推進した。

○　流域全体の生態系を象徴する「森里川海」が生み出す生態系サービスを将来世代にわたり享受していける社会を目指し、平成26年12月に「つなげよう、支えよう森里川海プロジェクト」を立ち上げ、地域の歴史から未来を考える取組として大井川流域（静岡県）において、学生が地域の年長者に「自然と人の暮らし」等について聞き書きし、「≪森里川海ふるさと絵本≫ぬくといねおおいがわ」を制作した。また、小学生を対象にした「生物多様性を感じよう！親子自然観察会」を、再生した里山で実施した。そのほか、「つなげよう、支えよう森里川海アンバサダー」が、令和3年度に策定した国民一人一人の環境負荷を削減したライフスタイルの変革を促すアクションプランをイベントと連携して発信し、SNSを活用して国民に行動変容を促した。

○　地域共同で取り組む、農地や農業用排水路などの地域資源を保全管理する活動に併せ、生物

の生息状況の把握、水田魚道の設置等、生態系の保全・回復を図る活動に対して多面的機能支払交付金により支援を行った。

7 水辺空間の保全、再生及び創出

河川や湖沼、濠、農業用用排水路及びため池などの水辺空間は、多様な生物の生息・生育・繁殖環境であるとともに、人の生活に密接に関わるものであり、地域の歴史、文化、伝統を保持及び創出する重要な要素である。また、安らぎ、生業、遊び、にぎわい等の役割を有するとともに、自然への畏敬を感じる場でもある。

このため、水辺空間の更なる保全・再生・創出を図るとともに、流域において水辺空間が有効に活用され、その機能を効果的に発揮するための施策を推進している。

水辺が本来有している魅力を活かし、川が再び人々の集う空間となるよう、「かわまちづくり」支援制度や「河川法」に基づく河川敷地占用許可準則の基準の緩和などのハード・ソフト施策を展開し、近年では、民間事業者による水辺のオープンカフェやレストラン等の出店や、川が持つ豊かな自然や美しい風景を活かした観光等により、各地でにぎわいのある水辺空間が創出されている。

さらに、「ミズベリング・プロジェクト」により、魅力的な水辺を形成するための様々な取組が各地で進められている。

農村地域の水辺空間を作り上げている農業用用排水路は、農業生産の基礎としての役割に加え、環境保全や伝統文化、地域社会等にも密接に関わり様々な役割を発揮している。これら農業用水が有する多面的な機能の維持・増進のため、農業水利施設の保全管理又は整備と一体的に、親水施設の整備が行われている。

○　地域の景観、歴史及び文化などの「資源」を活かし、「かわまちづくり」支援制度や「水辺の楽校プロジェクト」等により、良好な空間形成を図る河川整備を推進した**（写真 11、12）**。

○　平成30年度より先進的で他の模範となる「かわまちづくり」の取組を「かわまち大賞」として表彰・周知し、「かわまちづくり」の質的向上を推進した。

○　「ミズベリング・プロジェクト」としてパンフレット、ウェブサイト、Facebook、フォーラムの開催等により、各地域における魅力的な水辺の主体的な形成を推進した。

○　湧水保全に取り組んでいる関係機関・関係者の相互の情報共有を図るため、全国の湧水保全に関わる活動や条例などの情報を「湧水保全ポータルサイト[57]」により発信するとともに、湧水の実態把握の方法や保全・復活対策等について紹介した「湧水保全・復活ガイドライン[58]（平成22年3月）」の周知を図った。

○　皇居外苑濠において、良好な水環境を確保するために平成28年3月に策定した「皇居外苑濠水環境改善計画」に基づき、皇居外苑濠水浄化施設等の運用、水生植物の管理などの水環境管理を行うとともに、水生植物相の改善を図る取組を推進した。また、同計画の見直しに着手した。

○　農業農村整備事業において、農村地域における親水や景観に配慮した水路・ため池整備を行う等、農村景観や水辺環境の保全の取組を実施してきており、更なる取組を推進するため、ドローンを活用した景観配慮の検討手法や親水空間を整備した事例等の周知を行った。

○　新世代下水道支援事業制度等により、せせらぎ用水、河川維持用水、雑用水、防火用水などの再生水の多元的な利用拡大に向け、社会資本整備総合交付金による財政支援を行った。【再掲】

○　循環型社会形成推進交付金により、浄化槽の整備を支援することで生活排水を適正に処理し、

57　https://www.env.go.jp/water/yusui/index.html
58　https://www.env.go.jp/water/yusui/guideline.html

放流水を公共用水域に還元することで、地域の健全な水辺空間の創出・再生に寄与した。

写真11 「かわまちづくり」支援制度により整備された交流拠点（岐阜県美濃加茂市）

資料）国土交通省

写真12 「水辺の楽校プロジェクト」により整備されたワンド（埼玉県八潮市　中川）

資料）八潮市商工観光課

8　水文化の継承、再生及び創出

　地域の人々が河川や流域に働き掛けて上手に水を活用する中で生み出されてきた有形、無形の伝統的な水文化は、地域と水との関わりにより、時代とともに生まれ、洗練され、またあるものは失われることを繰り返し、長い歳月の中で醸成されてきた。

　このため、流域の多様な地域社会と地域文化について、その活性化の取組を推進し、適切な維持を図ることにより、先人から引き継がれた水文化の継承、再生とともに、新たな水文化の創出を推進することが求められる。

○　水源地域における地域活性化、上下流交流等に尽力した団体を水資源功績者として表彰し、「水の週間」の機会を活用して次世代の子供達を対象とした自然環境体験学習等の地域活動の支援を行い、上下流の多様な連携を促進した。

○　水源地域等における観光資源や特産品を全国に伝える活動（水の里応援プロジェクト）として、河川の上流部などの水源地域を含む「水の里」への理解を深め、活性化につなげるため、観光業界と協力して優れた「水の里」の観光資源を活用した観光・旅行の企画を表彰する「水の里の旅コンテスト2022」を実施した。

○　「水源地域対策特別措置法（昭和48年法律第118号）」に基づく水源地域整備事業の円滑な進捗を図ることを目的に、「水源地域対策連絡協議会幹事会」を開催し、水源地域における水文化の担い手である住民の生活環境や産業基盤等を整備するため、関係府省庁等との連絡調整を行った。

　令和5年3月末までに「水源地域整備計画」を決定した95ダム及び1湖沼のうち、令和4年度は15ダムで同計画に基づく整備事業を実施し、うち1ダムで完了した。その結果、令和5年3月末において、整備事業を実施中のダムは14、整備事業を完了したダムは81、湖沼は1となっている。また、令和5年3月に新規に木屋川ダムを同法に基づく指定ダムに政令で指定した。

○　令和5年1月に大分県宇佐市において、地域の農業用水の歴史や先人の偉功などを「語り」の手法を用いて広く発信し、後世に継承するための「語り部交流会」の開催を支援した。

9　地球温暖化への対応

気候変動に関する政府間パネル（IPCC）の第6次評価報告書では、人間の影響が大気、海洋及び陸域を温暖化させてきたことには疑う余地がないこと、大気、海洋、雪氷圏及び生物圏において、広範囲かつ急速な変化が現れていること、いくつかの地域で観測された大雨や農業及び生態学的干ばつの増加について、確信度が中程度以上であることが示され、継続する地球温暖化は、世界全体の水循環を、その変動性、世界的なモンスーンの降水量、降水及び乾燥現象の厳しさを含め、更に強めると予測される。

我が国では、今後、地球温暖化などの気候変動による年間無降水日数の増加や年間最深積雪の減少が予測されている。このことから、河川への流出量が減少し、下流において必要な流量が確保しにくくなることが想定される。また、河川の源流域において積雪量が減少することで、融雪期に生じる最大流量が減少するとともに、気温の上昇に伴い流出量のピークが現在より早まり、春先の農業用水の需要期における河川流量が減少する可能性がある等、将来の渇水リスクが高まることが懸念される。

一方、大雨による降水量の増加、海面水位の上昇により、水害や土砂災害が頻発化・激甚化し、水供給・排水システム全体が停止する可能性がある。また、短時間強雨や大雨の発生頻度の増加に伴う高濁度原水の発生により、浄水処理への影響が懸念される。さらに、海面水位の上昇に伴う沿岸部の地下水の塩水化や河川における上流への海水（塩水）遡上による取水への支障、水温上昇に伴う水道水中の残留塩素濃度の低下による水の安全面への影響やかび臭物質の増加等による水のおいしさへの影響、生態系の変化等も懸念されている。農業分野においても、高温による水稲の品質低下等への対応として、田植え時期の変更等を実施した場合、水資源や農業水利施設における用水管理に影響が生じることが懸念される。

このため、健全な水循環の維持又は回復に十分配慮しつつ、「地球温暖化対策計画（令和3年10月22日閣議決定）」等に基づき、森林の整備及び保全、水力発電の導入等の再生可能エネルギーの導入促進や水処理、送水過程における省エネルギー設備の導入等の地球温暖化対策により、今後とも二酸化炭素などの温室効果ガスの排出削減・吸収による緩和策を推進するとともに、気候変動による様々な影響への適応策を推進する必要がある。

ア　適応策

○　十勝川水系、阿武隈川水系、多摩川水系及び関川水系では、気候変動による降雨量の増加の影響などを踏まえ、河川整備基本方針検討小委員会を開催し、気候変動の影響を考慮し将来の降雨量の増加や流域治水を踏まえた河川整備基本方針へと変更した。

○　「気候変動適応計画（令和3年10月22日閣議決定）」に基づき、令和3年度に実施した施策のフォローアップを実施した。水資源等の各分野における施策の進捗状況を把握するとともに、KPIの実績値の変化を確認した。

○　気候変動による水系や地域ごとの水資源への影響を需要・供給の面から評価する手法について検討した。【再掲】

○　気候変動に伴う水質等の変化が予測されていることを踏まえ、全国の河川において、水質のモニタリング等を実施した。

○　気候変動の影響や生態系保全を踏まえた望ましい湖沼水環境の実現に向けた検討を行うため、琵琶湖において「気候変動を踏まえた湖沼管理手法の検討会」を開催した。

　　また、閉鎖性海域における気候変動が水質、生物多様性等に与える影響に関する分析や将来予測を行うとともに、適応策に関する検討を行った。

イ 緩和策

○ 2050年カーボンニュートラルを目指し、水循環政策における再生可能エネルギーの導入促進を図るため、「水循環政策における再生可能エネルギーの導入促進に向けた数値目標」及び「水循環政策における再生可能エネルギーの導入促進に向けたロードマップ」を更新し、令和4年4月及び同年10月に公表した。

（森林）

○ 2050年カーボンニュートラルの実現及び、「地球温暖化対策計画」等において定められた我が国の森林吸収源による温室効果ガス削減目標（2030（令和12）年度に2013（平成25）年度比46％のうち約2.7％を森林吸収量で確保）の達成に向けて、「森林・林業基本計画（令和3年6月15日閣議決定）」や「森林の間伐等の実施の促進に関する特別措置法（平成20年法律第32号）」等に基づき、間伐や再造林などの森林の適正な整備や保安林等の適切な管理、保全等を推進した。

（水力発電）

○ 水力発電開発を促進させるため、既存ダムの未開発地点におけるポテンシャル調査や有望地点における開発可能性調査を実施するとともに、地域住民等の水力発電への理解を促進する事業について補助金を交付した。既存水力発電所については、増出力や増電力量の可能性調査及び増出力や増電力量を伴う設備更新事業の一部について補助金を交付した（図表32）。

　また、揚水発電の運用高度化や導入支援を通じ、揚水発電の維持及び機能強化を図ることを目的とした補助金を創設した。

図表32 **水力発電の導入加速化補助金（既存設備有効活用支援事業）のイメージ**

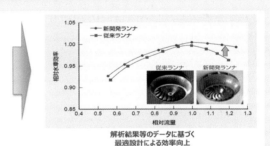

資料）経済産業省

○ ダムを活用した治水機能の強化と水力発電の促進の両立を図るハイブリッドダムの取組について、ダム運用の高度化を試行するとともに、水力発電に関心のある民間事業者等から意見・提案を聴取した。

○ 下水処理水の放流時における落差を活用した水力発電について、上下水道・ダム施設の省CO$_2$改修支援事業等の活用可能な予算制度の周知を行うなど、導入に向けた支援を行った。

○ 農業水利施設を活用した小水力発電の円滑な導入を図るため、地方公共団体や土地改良区等に対し、調査・設計や協議・手続等への支援、技術力向上のための支援を実施し、小水力発電導入について積極的な推進を図った。

○ 小水力発電の導入を推進するため、従属発電については、許可制に代えて登録制を導入するとともに、プロジェクト形成支援のため現場窓口を設置し、水利使用手続の円滑化を図った。

○ 小水力発電の導入を推進するため、砂防堰堤等の既存インフラを活用した水力発電に係る調査・

検討・発信等を行った。

○ 工業用水道施設への小水力発電の導入を促進するため、活用可能な補助制度について工業用水道事業担当者ブロック会議等で情報提供を行った。

（水上太陽光発電等）

○ 農業用ため池における水上設置型太陽光発電設備の設置ポテンシャルの算定のために必要な技術的要件の調査・検討を実施した。

○ 治水等多目的ダムにおいて、水上太陽光発電の設置に必要となる技術的要件や留意事項の整理に向けて、検討に着手した。

○ 工業用水道施設への太陽光発電の導入を促進するため、活用可能な補助制度について工業用水道事業担当者ブロック会議等で情報提供を行った。

○ 水道施設における太陽光発電の導入促進のため、「上下水道・ダム施設の省CO_2改修支援事業」により水道施設への再生可能エネルギー設備の導入等に対する財政支援を行った。

（水処理・送水過程等での地球温暖化対策）

○ PPP/PFI事業等による下水汚泥の固形燃料化、バイオガス利用や、地域で発生する生ごみ、食品廃棄物、家畜排せつ物等のバイオマスの下水処理場への集約、下水熱などのエネルギー利用について、地方公共団体へのアドバイザー派遣等により具体的な案件形成を推進した。

○ 下水道バイオマスを活用したバイオガス発電や下水汚泥の高温焼却等による一酸化二窒素の削減等を実施するために必要な施設整備に対し、令和４年度に新たに創設した下水道脱炭素化推進事業等を通じた支援を行うとともに、高効率機器の導入等による省エネルギー対策を、温室効果ガス排出抑制の観点から推進した（図表33）。

○ 下水汚泥資源の肥料利用の拡大に向けた推進策を農林水産省、国土交通省のほか、関係機関が連携して検討するため、下水汚泥資源の肥料利用の拡大に向けた官民検討会を立ち上げ、議論を行った。

○ 「地球温暖化対策計画」の改定において、「上下水道における省エネルギー・再生可能エネルギー導入」の中で、施設の広域化・統廃合・再配置による省エネルギー化の推進と、長期的な取組として、上水道施設が電力の需給調整に貢献する可能性を追求することを盛り込んでおり、目標の達成に向けて、「水道事業における省エネルギー・再生可能エネルギー対策の実施状況等の把握」「省エネルギー・再生可能エネルギー対策に係る情報の提供」等の対策の強化を図っている。

○ 上水道システムにおけるエネルギー消費量・二酸化炭素排出量を削減するため、上下水道・ダム施設の省CO_2改修支援事業により水道施設への省エネルギー設備や再生可能エネルギー設備の導入等に対する財政支援を行った。

○ 農業水利施設における省エネルギーを推進するため、老朽施設の更新時に合わせた省エネルギー施設の整備に対して支援を行った。

○ 農業集落排水施設から排出される処理水の農業用水としての再利用や汚泥の肥料化等による農地還元を図るとともに、農業集落排水施設における平常時・非常時を通じたエネルギーの最適利用システムに関する技術の開発・実証を推進した（図表34）。

○ 既設の中・大型浄化槽に付帯する機械設備の省エネ改修や古い既設合併処理浄化槽の交換、再生可能エネルギー設備の導入を推進することにより、浄化槽システム全体の大幅な脱炭素化を図るとともに老朽化した浄化槽の長寿命化を図った。

○ 地下水・地盤環境の保全に留意しつつ地中熱利用の普及を促進するため、令和５年３月に「地中熱利用にあたってのガイドライン」の改訂版を公表し、周知を図った。さらに、地中熱を分かりやすく説明した一般・子供向けのパンフレットや動画でも周知を図った。【再掲】第２章３地下

水の採取の制限その他の必要な措置

○　豪雪地帯において雪冷熱エネルギーを屋内の冷房や雪室倉庫（農産物を貯蔵する倉庫）、データセンターの冷却等に活用している事例を収集し、これらの事例を国土交通省ウェブサイト[59]に掲載するなどして周知することにより、その一層の普及・促進を図った。

| 図表 33 | 下水道バイオマスの活用事例（北海道恵庭市の例） |

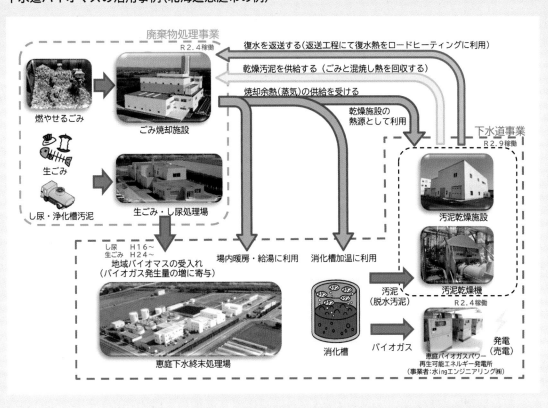

資料）国土交通省

| 図表 34 | 農業集落排水の概念 |

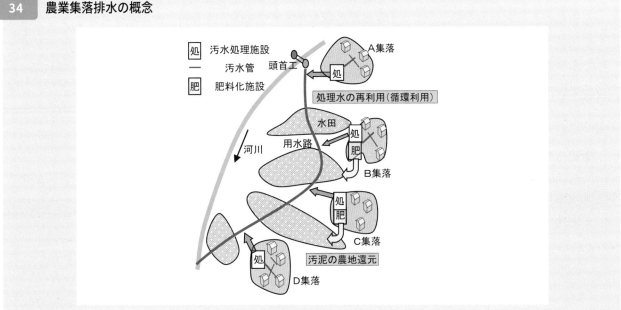

資料）農林水産省

59　https://www.mlit.go.jp/common/001262923.pdf

第5章 | 健全な水循環に関する教育の推進等

水は国民共有の貴重な財産であり、公共性が高く、人の生活の様々な面に深く関わっていることから、国民が健全な水循環の維持又は回復の重要性を認識・理解し、自ら積極的に取組を行う環境づくりが重要である。そのため、政府は、子供のうちから水の大切さを学び、水を大事に使う考え方や行動を身に付けてもらうことなどを目的として、健全な水循環に関する教材の作成、授業での教材の活用等を通じ、学校教育の現場における健全な水循環に関する教育を推進している。

また、学校教育の現場のみならず、国、地方公共団体等は「水の日」、「水の週間」関連行事の開催など、水に関連する各種行事、取組等を通じて、子供のみならず、全ての国民が水と触れ合う機会を創出し、水の大切さ、水源に対する理解の向上等を図るための普及啓発、広報の取組を推進している。

1 水循環に関する教育の推進

（学校教育での推進）

○ 平成29・30年に告示した学習指導要領を踏まえ、学校教育において、例えば、中学校理科や小学校社会科等で雨、雪などの降水現象に関連させた水の循環に関する教育や、飲料水の確保や衛生的管理に関する教育が実施された。

○ 令和3年度に引き続き、令和2年度に国が作成した健全な水循環に関する学習教材を活用した授業を小学校で実施した（1校）。本実施事例を令和3年度に公開した水循環教材の活用事例集に加え、令和5年度にウェブサイト[60]等で公表することとしている。

（連携による教育推進）

○ 水循環に関する学習の場で活動している各種団体等と連携し、国が作成した水循環学習教材は、学校教育の現場のみならず、地方自治体の主催する出前講座、全国の川や水の資料館、ダムなどのインフラ施設等で活用し、水循環教育を推進している。

○ 水循環に関する教育の総合的な支援体制を整備する観点から、令和2年度に国が作成した健全な水循環に関する学習教材を、学校教育の現場に加え、令和4年度はダム等の水インフラ施設の展示室、川の資料館等の水循環に関する学習の場で活用した。本実施事例を令和3年度に公開した水循環教材の活用事例集に加え、令和5年度にウェブサイト[61]等で公表することとしている。

○ 水循環の国民の認識、理解を深めるため、ポスター掲示や水道事業者等への情報提供など「水の日」関連行事等の周知を行った。

○ 一般の方にも水道のことをもっと知っていただけるよう、東海大学と共働でパンフレット「いま知りたい水道」を作成した。

○ 令和4年8月、十勝川流域において、学術団体が主催し、現職教員や教員養成系大学の学生などが参加し、川・水教育の現場を巡るエクスカーションが開催されるなど、地域や民間団体による水循環の科学的知見に基づく自主的な教育活動が行われている（**写真13**）。

---

60 https://www.kantei.go.jp/jp/singi/mizu_junkan/kyouiku/index.html
61 https://www.kantei.go.jp/jp/singi/mizu_junkan/kyouiku/index.html

○　健全な水循環を含む多様な環境課題について、持続可能な開発のための教育（ESD[62]）の視点を取り入れた環境教育プログラムを多様な主体との連携等により実践した。

| 写真 13 | エクスカーション（十勝川・千代田新水路ととろーどの見学） |

資料）日本河川教育学会

（現場体験を通じての教育推進）

○　農地が有する多面的機能やその機能を発揮させるために必要な整備について、国民の理解と関心の向上に資するため、農林漁業体験等を推進し、水循環に関する啓発を図った。

○　森林が有する多面的機能やその機能を発揮させるために必要な整備について、国民の理解と関心を深めるため、森林での体験活動の場に関する情報を提供したほか、国有林のフィールドの提供を通じた林業体験、森林教室等を実施することにより、森林環境教育の取組を推進した（**写真14**）。

| 写真 14 | 小学生を対象とした森林教室の様子 |

資料）林野庁

○　治水事業や利水事業等に関する現地見学会、出前講座等の実施により、健全な水循環に関する教育や理解を深める活動を実施した。

2 水循環に関する普及啓発活動の推進

（「水の日」及び「水の週間」関連行事の推進）

○　「水循環基本法」は、国民の間に広く健全な水循環の重要性についての理解や関心を深めるようにするため、8月1日を「水の日」として定めている。令和4年度は、地方公共団体等の協力の下に、「水を考えるつどい」の開催、全日本中学生水の作文コンクール、水資源功績者表彰などの「水の日」の趣旨にふさわしい事業を206件実施した（**図表35**）。8月1日「水の日」の当日に開催された「水を考えるつどい」、「全日本中学生水の作文コンクール表彰式」は、瑤子女王殿下御臨席の下での開催となった（**写真15**）。なお、全国の施設を「水」を連想させる青色の光で彩る「ブルーライトアップ」の取組は、令和3年度（52施設）を大きく上回る88施設の参加があった（**写真16**）。また、

新たに、全国の「水の日」関連行事への「水の日」応援大使「ポケットモンスター」（通称ポケモン）「シャワーズ」の派遣や、「水の日」カウントダウン動画の公開など、SNSやウェブサイト[63]を活用した積極的な広報を通じ、若い世代を中心とした普及啓発に注力した（**写真17**）。

図表35　第46回「水の週間」行事の概要

行　　事	実　施　内　容	主　催　者　等
水の週間中央行事	1．水を考えるつどい 日時：令和4年8月1日（月）　14：00～ 場所：イイノホール（東京都千代田区） 内容： 瑤子女王殿下御臨席 ①主催者挨拶 ②第44回全日本中学生水の作文コンクール表彰式 ③上記作文コンクール最優秀賞受賞者による作文朗読 ④講演（気象庁気象研究所研究官・荒木健太郎氏） ⑤荒木研究官と水の作文コンクール受賞者による雲に関する実験と交流会	主催：水循環政策本部、国土交通省、東京都、実行委員会（注） 後援：文部科学省、厚生労働省、農林水産省、経済産業省、環境省、（独）水資源機構、（公財）日本科学技術振興財団、日本放送協会、（一社）日本新聞協会
	2．水のワークショップ・展示会 1）水のワークショップ「地下水と水循環について学ぼう！」 日時：令和4年8月6日（土）10:30～11:30 場所：日比谷図書文化館 日比谷コンベンションホール 内容： ①天気と水循環に関する講演（気象キャスター・水越祐一氏） ②地下水保全に関する取組について（2022ミス日本「水の天使」横山莉奈さん） ③地下水に関するクイズ大会 ④お楽しみ企画 2）「水のミュージアムオンライン～水の循環とわたしたち～」 期間：令和4年8月6日（土）～31日（水） 内容：水に関係する団体が動画やスライドショーをWEBに出展し、クイズ大会も実施したオンラインイベント	主催：実行委員会
動画「シリーズ水のめぐみ」	水循環について理解を深めていただくため、水に関する施設を紹介する動画「シリーズ水のめぐみ」をWEBに公開。	主催：実行委員会
令和4年度水資源功績者表彰	水資源行政の推進に関し、特に顕著な功績のあった個人及び団体に対して、国土交通大臣表彰を授与。	主催：国土交通省
第44回全日本中学生水の作文コンクール	「水について考える」をテーマとして、中学生を対象に水の作文コンクールを実施。 都道府県の各地方審査等を経た作品を中央審査会で審査し、優秀作品に対して、最優秀賞（内閣総理大臣賞）等を授与。	主催：水循環政策本部、国土交通省、都道府県 後援：文部科学省、厚生労働省、農林水産省、経済産業省、環境省、全日本中学校長会、（独）水資源機構、実行委員会
一日事務所長体験	全日本中学生水の作文コンクール優秀賞以上の受賞者のうち、希望する者について在住地近隣の関係機関の事務所等において一日事務所長体験を実施。	
第37回水とのふれあいフォトコンテスト	健全な水循環の重要性や水資源の有限性、水の貴重さ、水資源開発の重要性について広く理解と関心を深めることに資する写真作品（例：「生命を支え、育む水」、「ダムや水路、水道など水をつくり、供給するもの」、「くらしの中の水」、「歴史とともにある水の風景」）を募集し、フォトコンテストを実施。優秀作品に対して、国土交通大臣賞等を授与。 また、若年層も含めてより広く作品を募集するSNS部門コンテストを実施。優秀作品に対して、各賞を授与。	主催：実行委員会 後援：国土交通省、東京都、（独）水資源機構
上下流交流事業実施団体への助成	水資源の有限性、水の貴重さ及び水資源開発の重要性についての啓発や、ダム水源地域の振興に資する上下流住民の連携に関する活動を行う団体等に対し、助成を実施。	主催：実行委員会
施設見学会	ダムや浄水場などの水に係わる施設の見学会を各都道府県等において実施。	主催：都道府県ほか
その他	・全国各地で①講演会、②展示会など多彩な催しの実施 ・ポスターの配布・掲示	

（注）「実行委員会」とは、「水の日」・「水の週間」の趣旨に賛同し、政府による「水の週間」の各種の啓発活動と一体となった諸行事を積極的に実施することを目的として、水に関係の深い団体により設立された「水の週間実行委員会」を指す。

資料）国土交通省

63　https://www.mlit.go.jp/mizukokudo/mizsei/tochimizushigen_mizsei_tk1_000012.html

写真 15 全日本中学生水の作文コンクール表彰式

資料）国土交通省

写真 16 ブルーライトアップ（明石海峡大橋）

資料）国土交通省

写真 17 「水の日」応援大使派遣（横浜市）

資料）国土交通省

©2023 Pokémon ©1995-2023 Nintendo/Creatures Inc./GAME FREAK inc.
ポケットモンスター・ポケモン・Pokémon は任天堂・クリーチャーズ・ゲームフリークの登録商標です。

（戦略的な情報発信等）

○　森林やダム等の重要性について、森と湖に親しみ、心身をリフレッシュしながら、国民に理解を深めてもらうため、7月21日から7月31日までを「森と湖に親しむ旬間」と位置付け、各地の森林、管理ダム等において、水源林やダムの見学会などの取組を実施した。

○　第4回アジア・太平洋水サミットにおいてシンポジウムを開催し、森林の水源涵養機能や土砂災害防止機能に関する最新の研究成果や民間での取組について紹介し、森林の整備・保全や研究開発の更なる推進、海外や民間との連携の重要性について国内外へ発信した。

○　ダムカードは、ダムのことをより知ってもらうため、国土交通省と独立行政法人水資源機構が管理するダムのほか、一部の都道府県や発電事業者が管理するダムで作成しており、ダムの管理事務所やその周辺施設に訪れた方に配布している。カードの大きさや掲載する情報項目などは、全国で統一しており、ダムの写真、ダムの型式や貯水池の容量、ダムを建設したときの技術といった基本的な情報からマニアックな情報まで凝縮して掲載している（**写真18**）。

　　平成19年7月に「森と湖に親しむ旬間」にあわせて国土交通省及び独立行政法人水資源機構が管理する全国の111ダムで配布を開始したものであり、以後、多くのダムでダムカードが配布されるようになり、令和4年7月1日時点では802ダムで配布されるまで増加している（**図表36**）。

　　ダムカード収集を目的に多くの方々がダムを訪れるようになってきており、ダムカードを水源地域の地方公共団体等が地域活性化のツールとして活用することによって、ダムを訪れる一般の方々を観光施設等へ誘客する取組も行われている。

○　マンホールカード[64]は、マンホール蓋を管理する地方公共団体と下水道広報プラットフォーム[65]（GKP）が共同で作成したカード型のパンフレットで、平成28年4月の第1弾から累計で全国649団体915種類のカードが発行され、総発行枚数は約1,000万枚となっている。マンホールカードの発行を通じて下水道の役割を周知するとともに、各地に足を運ぶことで観光振興につなげている。これらの取組を実施する地方公共団体と連携し、下水道への関心醸成に向けて、広く情報発信を行った（**写真19**）。

写真18　ダムカード（八ッ場（やんば）ダムの例）

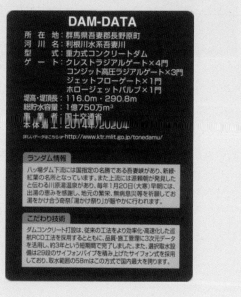

資料）国土交通省

64　https://www.gk-p.jp/mhcard/
65　下水道の価値を伝えるとともに、「これからの下水道をみんなで考えていく全国ネットワーク」の構築と情報交流・連携を目指して、平成24年度に立ち上がった組織。

図表 36 ダムカード数の推移

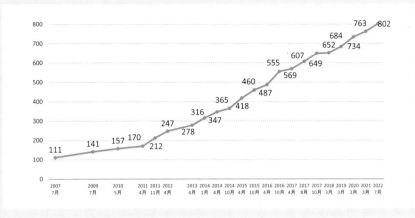

年月	数
2007 7月	111
2009 7月	141
2010 5月	157
2011 4月	170
2011 11月	212
2012 4月	247
2013 4月	278
2014 1月	316
2014 4月	347
2014 10月	365
2015 4月	418
2015 10月	460
2016 4月	487
2016 10月	555
2017 4月	569
2017 8月	607
2017 10月	649
2018 3月	652
2019 3月	684
2020 3月	734
2021 3月	763
2022 7月	802

資料）国土交通省

写真 19 マンホールカード

資料）下水道広報プラットフォーム

○　国立公園等において自然体験イベントを実施することを通じ、水環境について学ぶ機会を提供した（**写真20**）。

○　国、地方公共団体における健全な水循環の維持又は回復に関する普及啓発活動等の情報を分かりやすく集約、整理、発信するため、「水の日」、「水の週間」のウェブサイト[66]において、関連する行事の紹介を行うことで、多様な主体が連携した取組を公表した。

○　農業用水の重要性について広く国民に理解されることを目的に、食料生産のみならず、生態系保全、防火用水、雨雪の排水路、小水力発電等、生活の様々な場面で活用している農業用水利施設（疏水、ため池）をテーマとした「水が伝える豊かな農村空間〜疏水・ため池のある風景」写真コンテスト2023（全国水土里ネット、疏水ネットワーク、全国ため池等整備事業推進協議会主催）の後援を行った（**写真21**）。また、平成28年の「水の日」から配布を開始した「水の恵みカード[67]」は、土地改良区等により新たに15種類のカードが作成され、令和5年3月末時点で合計110種類となった（**写真22**）。

○　地域の水源として適切に整備・管理されている水源林の大切さについて広く国民の理解の促進を図るため、ウェブサイト等を活用し、我が国の代表的な水源林である「水源の森百選」の所在地、その森林の状態、下流域での水の利用状況等について情報発信[68]を行った。

写真20	自然体験活動（海の生き物探し）

資料）環境省

写真21	「水が伝える豊かな農村空間〜疏水・ため池のある風景」写真コンテスト2023 受賞作品 （最優秀賞：左（疏水部門）右（ため池部門））

資料）農林水産省

66　https://www.mlit.go.jp/mizukokudo/mizsei/mizukokudo_mizsei_fr1_000043.html
67　https://www.maff.go.jp/j/nousin/mizu/kurasi_agwater/mizunomegumi/
68　https://www.rinya.maff.go.jp/j/suigen/hyakusen/

写真22 水の恵みカード

資料）農林水産省

（民間企業等が行う普及啓発活動への支援）

○　広く国民に向けた情報発信等を目的とした官民連携プロジェクト「ウォータープロジェクト」の取組として、健全な水循環の維持又は回復に関する参加団体の取組についてウェブサイトを活用して情報発信するとともに、参画団体間の情報交換の場の創出等を行った。

（海外向けの情報発信）

○　第4回アジア・太平洋水サミットにおいてシンポジウムを開催し、森林の水源涵養機能や土砂災害防止機能に関する最新の研究成果や民間での取組について紹介し、森林の整備・保全や研究開発の更なる推進、海外や民間との連携の重要性について国内外へ発信した。【再掲】

○　ウェブサイトにおける「水循環基本計画」の多言語での掲載やアジア・太平洋水サミット等の国際会議の場での我が国の水循環施策の紹介を通して、我が国の水のすばらしさや水循環に関する制度を海外に広く情報発信した。

第６章 | 民間団体等の自発的な活動を促進するための措置

　事業者、国民又はこれらの主体が組織する民間団体等が、水循環と自らの関わりを認識し、自発的に行う社会的な活動は、健全な水循環の維持又は回復においても大きな役割を担っている。

　こうした民間団体等による社会的な活動を促進するためには、団体活動のマネジメントの能力を持った人材の発掘、活用、育成、活動のための資金の確保、活動の情報開示等を通じた信頼性の向上などの課題への対応が必要である。

　水に関わる環境面のみならず防災面まで含めた健全な水循環に関する取組は、産学官はもとよりNPOや一般住民まで含めて、一体となって取り組む必要がある。

（協働活動等への支援）

　○　水生生物を指標として河川の水質を総合的に評価するため及び環境問題への関心を高めるため、一般市民等も参加した全国水生生物調査[69]を行い、調査結果をウェブサイトで分かりやすく公開した。

　○　農業用用排水路等の泥上げ・草刈り、軽微な補修、長寿命化、水質保全などの農村環境保全など地域資源の適切な保全管理等のための地域の共同活動を多面的機能支払交付金により支援した。
　【再掲】第４章３イ　農業水利施設におけるストックマネジメント

　○　森林の水源涵養機能などの多面的機能の発揮を図るため、地域住民等が行う里山林の保全、森林資源の利活用等の取組を森林・山村多面的機能発揮対策交付金により支援した（**写真23**）。

　○　水源地域の活性化を目的とした「水源地域支援ネットワーク」の取組として、令和４年11月に尾原ダム周辺地域（島根県雲南市・奥出雲町）にて、全国からの参加者と地域活動者がそれぞれの活動における課題や工夫、具体的な解決策等の意見交換を行った。水源地域の活性化活動に取り組む団体等が、水源地域支援ネットワークを介して地域・分野を越えて知見や情報を共有し、問題解決や新しい取組につながるよう支援した。

写真23 地域住民が行う里山林の保全（左：伐採・右：搬出）

資料）林野庁

69　国土交通省ウェブサイト　https://www.mlit.go.jp/river/toukei_chousa/kankyo/kankyou/suisitu/
　　環境省ウェブサイト　https://water-pub.env.go.jp/water-pub/mizu-site/mizu/suisei/

（人材育成及び団体支援制度の活用）

○ 「環境教育等による環境保全の取組の促進に関する法律（平成15年法律第130号）」に基づく人材育成事業・人材認定事業に登録された森林における体験活動の指導等を行う森林インストラクターなどの資格について、林野庁ウェブサイト[70]等を通じて、制度の周知を促進した。

○ 平成25年6月の「河川法」の改正により、河川環境の整備や保全などの河川管理に資する活動を自発的に行っている民間団体等を河川協力団体として指定し、河川管理者と連携して活動する団体として位置付け、団体としての自発的活動を促進し、地域の実情に応じた多岐にわたる河川管理を推進した。【再掲】第4章6（活動支援）

○ 雨水の利用を社会に広めるため、令和3年3月に公表した雨水利用事例集を令和4年度雨水利用推進関係省庁等連絡調整会議及び令和4年度雨水利用に関する自治体職員向けセミナーにおいて周知した。

（表彰）

○ 日本水大賞委員会（名誉総裁：秋篠宮皇嗣殿下、委員長：毛利衛（日本科学未来館名誉館長））と国土交通省が主催の日本水大賞において、水循環系の健全化や水災害に対する安全性の向上に寄与すると考えられる活動を表彰している。

　令和4年度の第24回日本水大賞では、アフガニスタンにおいて用水路や取水堰の建設を行った「ペシャワール会/PMS」の活動が日本水大賞（グランプリ）を受賞した（写真24）。

　また、日本水大賞委員会が主催する2022日本ストックホルム青少年水大賞において、20歳以下の高校・高等専門学校の生徒又は地域の活動団体などに所属する方々による水環境に関する調査研究活動及び調査研究に基づいた実践的活動として、青森県立名久井農業高等学校が大賞（グランプリ）を受賞した。

写真24 第24回日本水大賞の表彰式でおことばを述べられる秋篠宮皇嗣殿下（左）、表彰の様子（右）

資料）国土交通省

---

70 https://www.rinya.maff.go.jp/j/sanson/kan_kyouiku/main2.html

○ 水資源行政の推進に当たって、水源地域の振興、水環境の保全、水源涵養、水資源の有効活用等に永年にわたって尽力されたことなど、特に顕著な功績のあった1個人、7団体を水資源功績者として表彰した。

○ 水源地域等における観光資源や特産品を全国に伝える活動（水の里応援プロジェクト）として、河川の上流部などの水源地域を含む「水の里」への理解を深め活性化につなげるため、観光業界と協力して優れた「水の里」の観光資源を活用した観光・旅行の企画を表彰する「水の里の旅コンテスト2022」を実施した。【再掲】第4章8水文化の継承、再生及び創出

○ 水環境保全に係る活動等を促進するため、次代を担う中学生を対象とした第44回全日本中学生水の作文コンクールを開催した。国内外からの9,249編に上る応募作品の中から最優秀賞1編、優秀賞10編、入選29編及び佳作138編を選出、表彰した。

（地域振興）

○ 水源地域の活性化を目的とした「水源地域支援ネットワーク」の取組として、令和4年11月に尾原ダム周辺地域（島根県雲南市・奥出雲町）にて、全国からの参加者と地域活動者がそれぞれの活動における課題や工夫、具体的な解決策等の意見交換を行った。水源地域の活性化活動に取り組む団体等が、水源地域支援ネットワークを介して地域・分野を越えて知見や情報を共有し、問題解決や新しい取組につながるよう支援した。【再掲】

（情報発信）

○ 広く国民に向けた情報発信等を目的とした官民連携プロジェクト「ウォータープロジェクト」の取組として、環境省、CDP [71] 共催で「CDP 水セキュリティレポート2022 報告会 × WaterProject」を令和5年2月に開催し、民間団体等による水の持続可能な利用・生物多様性保全に向けた取組や水資源保全の取組など先進的な事例の情報を発信し、民間団体等の主体的、自発的、積極的な活動を促進した。

○ メールマガジンやウェブサイトを通じて、水に関するイベントの紹介を行うことにより、水循環に関係する様々な主体の取組を促進した。

○ 幅広い世代・分野にグリーンインフラを普及させるために、グリーンインフラ官民連携プラットフォームにおいて、ウェブサイトやSNS等を通じてグリーンインフラに関する情報発信を行った。また、「グリーンインフラ大賞」ではグリーンインフラに関する優れた取組事例を表彰するとともに、応募された取組事例を事例集として取りまとめ展開した（**写真25**）。令和4年度の新たな取組としては、雨水貯留・浸透機能に関する行政や民間企業等のニーズとシーズのマッチングイベントを実施した。

---

71 環境分野に取り組む国際NGO。企業等への環境に係る質問書送付及びその結果を取りまとめ、共通の尺度で分析・評価している。企業等の回答の公開を通じて、持続可能な経済の実現に取り組んでいる。

写真25　グリーンインフラ事例集

防災・減災部門

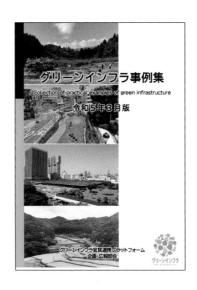

都市空間部門

生活空間部門　　　　　　　　　生態系保全部門

資料）国土交通省

○　近年、SDGsの動きに加え、気候関連財務情報開示タスクフォース（TCFD）、自然関連財務情報開示タスクフォース（TNFD）などの動きを踏まえ、健全な水循環の取組に関心を有する企業も増えてきている。令和4年11月に「企業の健全な水循環の取組に関する有識者会議」を開催し、企業の健全な水循環の取組をサポートする環境の整備に向け、今後取り組むべき内容等について意見交換を行った。令和5年2月には「企業連携水循環ウェビナー〜国際的動向を踏まえた水循環の取組〜」を開催し、政府の取組を紹介するとともに、国際的な動向、節水技術や水源涵養の取組の紹介を行った。また、令和5年3月に開催された国連水会議2023のサイドイベントでは、日本水フォーラムの協力を得て、企業と連携した水循環の取組について情報発信が行われた。

第7章 水循環施策の策定及び実施に必要な調査の実施

水循環施策を今後とも適切に進めていくためには、水循環に関する調査の実施やその調査に必要な体制の整備に取り組む必要がある。

1 流域における水循環の現状に関する調査

（水量・水質調査）

○ 国立研究開発法人森林研究・整備機構 森林総合研究所では、森林の水源涵養機能に関する調査研究として、北海道から九州にかけての12か所の森林理水試験地において観測された降水量、流出量、水質等の集計、解析を実施した。

○ 「水質汚濁防止法」の規定に基づき、都道府県等（「水質汚濁防止法」で定められた指定都市及び国を含む。）には公共用水域等の水質の汚濁状況を常時監視した結果を水質関連システムに登録・報告させているが、効率的な処理及び基礎データの一元的管理を適正に行うため、システムの保守運用を行うとともに、データを集計・解析しウェブサイト[72]に公表した。

○ 「水質汚濁防止法」、「瀬戸内海環境保全特別措置法」及び「湖沼水質保全特別措置法（昭和59年法律第61号）」に定められている施設の設置時の届出等の各規定の施行状況について、都道府県等からの報告に基づきその件数や内容等を把握するとともに、その結果を環境省ウェブサイト[73]で公表した。

○ 「水質汚濁防止法」及び「瀬戸内海環境保全特別措置法」に基づく水質総量削減が実施されている東京湾、伊勢湾及び瀬戸内海並びに「有明海及び八代海等の再生に関する基本方針（総務省、文部科学省、農林水産省、経済産業省、国土交通省、環境省 平成15年2月6日策定、令和3年8月31日変更）」に基づく汚濁負荷の総量の削減に資する措置が推進されている有明海・八代海等において、発生負荷量等算定調査を実施した。

○ 社会情勢の変容とともに変化する農業用水の利用実態を的確に把握するため、関係機関等から聞き取り及び状況把握を行った。

○ 政府の推進計画に基づき関係省庁が連携しながら、6都市における6か所の下水処理場において、下水の新型コロナウイルスRNA濃度について分析を実施した。また、有識者による調査検討委員会において、下水道管理者としての役割等をまとめて、令和3年度に公表したガイドライン（案）の見直し等について検討を行った。

（水資源調査）

○ 生活用水、工業用水、農業用水等各種用水の利用量、水資源開発の現状、地下水や雨水・再生水等の利用状況、渇水の発生状況等の各種調査を実施し、得られた調査結果を取りまとめ、「日本の水資源の現況」としてウェブサイト[74]に公表した。

---

72 https://water-pub.env.go.jp/water-pub/mizu-site/index.asp
73 https://www.env.go.jp/content/000123394.pdf
74 https://www.mlit.go.jp/mizukokudo/mizsei/mizukokudo_mizsei_tk2_000039.html

（生物調査）

○ 「河川水辺の国勢調査」等により、河川、ダム湖における生物の生息・生育状況等について定期的かつ継続的に調査を実施した。【再掲】第4章6（調査）

○ 自然環境の現状と変化を把握する「モニタリングサイト1000（重要生態系監視地域モニタリング推進事業）」により、水循環に関わる生態系である湖沼・湿原、沿岸域及びサンゴ礁生態系に設置された約300か所の調査サイトにおいて、多数の専門家や市民の協力の下で湿原植物や水生植物の生育状況、水鳥類や淡水魚類、底生動物、サンゴ等の生息状況に関するモニタリング調査を行った。【再掲】第4章6（調査）

（地下水）

○ 「工業用水法（昭和31年法律第146号）」に基づく指定地域における規制効果を把握するため、対象となる地区の事業体における地下水位の観測を継続的に実施している。

○ 地下水の過剰採取による広域的な地盤沈下が生じた濃尾平野、筑後・佐賀平野及び関東平野北部の3地域において、地盤沈下防止等対策要綱に基づき関係地方公共団体と連携して対策を進めるとともに、地下水・地盤沈下データの収集、整理及び分析を行った。

○ 地下水マネジメントを進める地域で観測、収集された地下水位、水質、採取量等のデータを、関係者が相互に活用することを可能とする「地下水データベース」を構築した。【再掲】第2章1地下水に関する情報の収集、整理、分析、公表及び保存

○ 地盤沈下の防止を図るため、全国から地盤沈下に関する測量情報を取りまとめた「全国の地盤沈下地域の概況[75]」及び代表的な地下水位の状況や地下水採取規制に関する条例等の各種情報を整理した「全国地盤環境情報ディレクトリ[76]」を公表した。

（雨水（あまみず）・再生水利用）

○ 水資源の有効利用及び雨水の集中的な流出の抑制効果を把握するため、令和4年度においても雨水（あまみず）・再生水利用施設実態調査を継続的に実施した。

○ 再生水の利用実態等を把握するため、再生水利用施設の利用用途や利用量等の調査を実施した。【再掲】第4章4イ（再生水利用）

（調査結果の公表及び有効活用）

○ 国立研究開発法人森林研究・整備機構 森林総合研究所では、北海道から九州にかけての12か所の森林理水試験地において観測された降水量、流出量、水質等のデータをデータベースにて公開[77]した。

○ 生活用水、工業用水、農業用水等各種用水の利用量、水資源開発の現状、地下水や雨水（あまみず）・再生水等の利用状況、渇水の発生状況等の各種調査を実施し、得られた調査結果を取りまとめ、「日本の水資源の現況」としてウェブサイトに公表した。【再掲】

○ 「水質汚濁防止法」の規定に基づき、都道府県等（「水質汚濁防止法」で定められた指定都市及び国を含む。）には公共用水域等の水質の汚濁状況を常時監視した結果を水質関連システムに登録・報告させているが、効率的な処理及び基礎データの一元的管理を適正に行うため、システムの保守運用を行うとともに、データを集計・解析しウェブサイトに公表した。【再掲】

---

75 https://www.env.go.jp/water/jiban/chinka.html
76 https://www.env.go.jp/water/jiban/directory/index.html
77 https://www2.ffpri.go.jp/labs/fwdb/

2　気候変動による水循環への影響とそれに対する適応に関する調査

○　気候変動による水系や地域ごとの水資源への影響を需要・供給の面から評価する手法について検討した。【再掲】第4章1イ　危機的な渇水への対応

○　将来予測される気温の上昇や融雪流出量の減少等の影響に対応するため、農業用水の循環過程を組み込んだ分布型水循環モデルにより、流域における気候変動下での渇水リスク予測手法を開発した。その結果、東北・北陸地方の河川で、かんがい期間後半の渇水リスクが上昇することや、水稲の高温障害対策により渇水リスクが上昇する可能性のあることを明らかにした。

○　国立研究開発法人森林研究・整備機構 森林総合研究所等では、森林の状態や気候変動が積雪融雪特性や水流出特性に及ぼす影響を評価するための調査・観測システムの一部を更新する整備を実施した。

○　我が国における気候変動対策の効果的な推進に資することを目的に、これまでの観測成果や、パリ協定の2℃目標が達成された場合及び追加的な緩和策をとらなかった場合にあり得る将来予測を対応させて取りまとめた「日本の気候変動2020 —大気と陸・海洋に関する観測・予測評価報告書—（令和2年12月）」を公表した。

○　気候変動の影響評価研究者や地方公共団体、民間企業等の様々なセクターが気候変動対策において、目的に応じて適切なデータを入手し分析できるよう、「気候予測データセット2022」及びその解説書を令和4年12月に公開した。

水循環施策を今後とも適切に進めていくためには、水に関する様々な側面からの科学的な知見を不断に獲得していくことが必要不可欠である。

水循環に関する科学技術の振興を図るため、最新の科学技術や過去の研究事例を踏まえながら、関係する研究機関や学会とも連携しつつ、水循環に関する調査研究を推進するとともに、その成果の普及、研究者の養成を行っていくことが必要である。また、調査によって得られたデータや分析結果、研究成果等については、分かりやすく、かつ利用しやすいよう、オープンデータ化するなどデータ等の有効活用を図ることも重要である。

（流域の水循環に関する調査研究）

○ 国立研究開発法人農業・食品産業技術総合研究機構（農村工学研究部門）では、農業用水の循環過程を組み込んだ分布型水循環モデルにより、水利用が複雑な流域における農業用水の地表水と地下水の交流を含んだ循環を算定する手法を開発した。

○ 国立研究開発法人森林研究・整備機構 森林総合研究所等では、森林の変化や将来の気候変動等が農地等への水資源供給量に与える影響を定性的・定量的に予測するために、森林流域内での水移動プロセスを再現するモデルの開発を推進した。

○ 水道料金算定のために、各家庭に設置されている水道メーターを、無線通信等を利用する水道スマートメーターに置き換えることで、検針業務の効率化だけでなく利用者サービスの向上やエネルギー使用の効率化等、多くの効果が期待される。IoTの活用により事業の効率化や付加価値の高い水道サービスの実現を図る等、先端技術を活用して科学技術イノベーションを指向する事業に対し財政支援を行った。

（地下水に関する調査研究）

○ 戦略的イノベーション創造プログラム（SIP）において水循環モデルを用いた「災害時地下水利用システム」の研究開発が進められ、地下水流動の解析・可視化等の技術が高度化されたことから、関連情報を地下水マネジメント推進プラットフォームのウェブサイトにおいて提供した。【再掲】第2章1地下水に関する情報の収集、整理、分析、公表及び保存

○ 国立研究開発法人森林研究・整備機構 森林総合研究所等では、集積してきた観測データの解析により、森林植生の変化が渇水時流出量に及ぼす影響の評価研究を推進した。

（雨水に関する調査研究）

○ 水資源の有効利用を図り、併せて下水道、河川等への流出の抑制に寄与するため、民間団体等が自発的に行う、雨水を多様な用途に利用できる調査研究、水質向上、AI、IoT導入等の技術開発等の事例の視察、関係者との情報交換を実施した。また、取組事例を、令和4年度雨水利用に関する自治体職員向けセミナーにおいて周知した。

○ 雨水利用の方法や効果などの事例を幅広く収集し、分析・公表する取組を推進するため、令和4年度においても雨水・再生水利用施設実態調査を継続的に実施し、全国の雨水利用施設の設置状況及び雨水の利用用途について公表[78]した。

---

78 https://www.mlit.go.jp/mizukokudo/mizsei/mizukokudo_mizsei_tk1_000055.html

○　雨水^{あまみず}の利用の推進を図るため、水質保全、流出抑制、維持管理等の技術や雨水^{あまみず}の利用のための施設に係る規格等に関する調査研究を推進するため、国、地方公共団体、雨水^{あまみず}関連団体等の担当者が参加し、先進自治体である世田谷区の取組事例の視察及び意見交換会を実施した。

（水の有効活用に関する科学技術）

○　水道事業者等が有する水道に関する設備・機器に係る情報や事務系システムが取り扱うデータを横断的かつ柔軟に利活用できる仕組みである「水道情報活用システム」について、同システムを導入する事業者に対し生活基盤施設耐震化等交付金による支援を行った。また、同システムの導入を検討している水道事業者等を対象とした説明会の開催等により、水道事業者等による同システムの導入検討を支援した。

○　検針業務の効率化だけでなく利用者サービスの向上やエネルギー使用の効率化等、多くの効果が期待される水道分野のスマートメーターの導入・普及に向け、モデル事業を通じて、先端技術の導入を支援したほか、産官学が連携して水道スマート化に向け取り組む「A-Smart プロジェクト」（事務局：公益財団法人水道技術研究センター）に参画し、助言等を行った。

○　国立研究開発法人農業・食品産業技術総合研究機構（農村工学研究部門）では、限られた水資源を有効活用する研究の一環として、農業集落排水施設で処理されたし尿、生活雑排水などの汚水を農業用水として再利用することに関する調査・分析を行った。また、ほ場－支線・幹線システムの連携による水利システム制御・管理技術の開発の一環として、ほ場での水利用と連動した配水制御システムに関する開発・検証を行った。

（水環境に関する科学技術）

○　国立研究開発法人農業・食品産業技術総合研究機構（農村工学研究部門）では、放射性物質の水稲作への影響低減に関連して、浸透水中の無機陽イオンの濃度や構成比が、水田土壌の交換性カリウム含量に影響することを明らかにした。

○　国立研究開発法人森林研究・整備機構 森林総合研究所等では、気候変動や森林施業が森林の水環境に及ぼす影響を評価するため、森林流域内での水や栄養塩等の流出量分析・影響評価を行うモデルの開発を推進した。

○　省エネで安定的な水処理技術普及のため、下水道革新的技術実証事業において、ICT・AI 制御による高度処理技術の実証を行った。

（地球観測を活用した調査研究）

○　令和4年9月に第15回アジア・オセアニア GEO [79]（AOGEO）シンポジウムを我が国主催で開催し、アジア水循環イニシアティブ（AWCI）を含む各タスクグループの活動報告等や水関連災害レジリエンスの向上に係る特別セッションの議論を踏まえ、地球観測のバリューチェーンにおけるステークホルダーへの関与強化と連携促進に向けた具体的な取組を推進することの重要性を確認した「2022 AOGEO Statement」を採択した。

○　国立研究開発法人宇宙航空研究開発機構（JAXA）では、陸域観測技術衛星2号「だいち2号」（ALOS-2 [80]）（平成26年5月打ち上げ）や水循環変動観測衛星「しずく」（GCOM-W [81]）（平成24

79　GEO：Group on Earth Observations。地球観測を用いた気候変動、防災、SDGs 等の課題解決のための政府間会合。複数の観測システム（衛星観測、地上・海洋観測等）を包括し、各国等の政策決定に寄与することを目的とし、我が国の主導で平成17年に設立された国際枠組。114か国、EC、143機関が参加（令和4年11月現在）。
80　ALOS-2：Advanced Land Observing Satellite-2
81　GCOM-W：Global Change Observation Mission-Water

年5月打ち上げ）**（写真26）**、全球降水観測計画主衛星（GPM主衛星[82]）（平成26年2月打ち上げ）、気候変動観測衛星「しきさい」（GCOM-C[83]）（平成29年12月打ち上げ）**（写真27）** などの人工衛星を活用した地球観測の推進やGPM主衛星を中心に複数衛星のデータを活用した衛星全球降水マップ（GSMaP[84]）による世界148の国と地域のユーザに対する全球降水情報の提供に取り組んだ。

○　今後打ち上げ予定の先進レーダ衛星（ALOS-4）、高性能マイクロ波放射計3（AMSR3[85]）を搭載する温室効果ガス・水循環観測技術衛星（GOSAT-GW[86]）などの研究開発やGPM主衛星搭載の二周波降水レーダ（DPR[87]）の後継ミッションの検討を行う等、人工衛星を活用した地球観測を推進した。

写真26	水循環変動観測衛星「しずく」

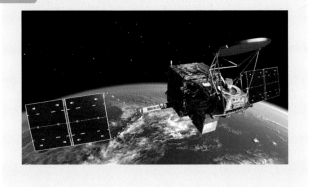

資料）国立研究開発法人宇宙航空研究開発機構

写真27	気候変動観測衛星「しきさい」

資料）国立研究開発法人宇宙航空研究開発機構

（気候変動の水循環への影響に関する調査研究）

○　国立研究開発法人土木研究所では、令和4年度からの新たな「国立研究開発法人土木研究所の中長期目標を達成するための計画（令和4年3月）」に基づき、気候変動に伴う、流量変化等が河川水質に及ぼす影響、湖沼・ダム貯水池水質への富栄養化等の影響、沿岸域の貧栄養化に対する下水処理水の栄養塩供給の効果等の予測技術の開発を開始した。

○　「地球環境データ統合・解析プラットフォーム事業」では、地球環境ビッグデータ（地球観測・予測情報等）を蓄積・統合解析する情報システムである「データ統合・解析システム」（DIAS[88]）の運用を通じて、国内外の研究開発を支えつつ、気候変動等の地球規模課題の解決に資する成果の創出に取り組んでいる。令和4年度においては、DIASの長期的・安定的運用を通じて防災・減災対策や気候変動対策に貢献するとともに、浸水予測情報をリアルタイムで配信することが可能なリアルタイム浸水予測システムの試験公開を行った。

○　「気候変動予測先端研究プログラム」では、気候モデルの開発等を通じ、気候変動に伴う水循環メカニズムへの影響等の解明や、全ての気候変動対策の基盤となる気候変動予測情報の創出等に取り組んだ。

82　GPM主衛星：Global Precipitation Measurement Core Observatory Satellite
83　GCOM-C：Global Change Observation Mission-Climate
84　GSMaP：Global Satellite Mapping of Precipitation
85　AMSR3：Advanced Microwave Scanning Radiometer 3
86　GOSAT-GW：Global Observing SATellite for Greenhouse gases and Water cycle
87　DPR：Dual-frequency Precipitation Radar
88　DIAS：Data Integration and Analysis System

（調査研究成果の有効活用）

○　国立研究開発法人森林研究・整備機構 森林総合研究所では、降水量、流出量、水質等のデータをデータベース[89]にて公開し、教育機関や民間団体と共有した。

○　戦略的イノベーション創造プログラム（SIP）において水循環モデルを用いた「災害時地下水利用システム」の研究開発が進められ、地下水流動の解析・可視化等の技術が高度化されたことから、関連情報を地下水マネジメント推進プラットフォームのウェブサイトにおいて提供した。【再掲】第２章１地下水に関する情報の収集、整理、分析、公表及び保存

○　雨水（あまみず）利用の方法や効果などの事例を幅広く収集し、分析・公表する取組を推進するため、令和４年度においても雨水（あまみず）・再生水利用施設実態調査を継続的に実施し、全国の雨水利用施設の設置状況及び雨水（あまみず）の利用用途について公表した。【再掲】

89　https://www2.ffpri.go.jp/labs/fwdb/

第9章 国際的な連携の確保及び国際協力の推進

　世界に目を向けると渇水、洪水、水環境の悪化に加え、これらに伴う食料不足、貧困の悪循環、病気の発生等が問題となっている地域が存在し、更に人口増加などの要因がそれらの問題を深刻にさせている等、世界の水問題は引き続き取り組むべき重要な課題であり、令和5年3月に国連において46年ぶりに水問題を中心に議論する「国連水会議2023[90]」が開催されるなど、本分野での国際連携・国際協力の重要性が高まっている。

　世界の水問題の現状については、具体的には、例えば、記録的な豪雨により多くの死者等の人的被害が発生する災害や、サプライチェーンへの影響により世界経済にまで影響を及ぼす災害が発生している（**図表37**）。

図表37 海外における近年の主な水災害

資料）国土交通省

　また、今般の世界的な新型コロナウイルス感染症の感染拡大への対応を機に、上下水道を含む公衆衛生分野への関心が高まっているが、世界的には、安全な飲料水や基礎的なトイレなどの衛生施設へのアクセスはいまだ不十分な地域も数多く存在している。豊かな暮らしを営む上で、水と衛生は極めて重要である。しかしながら、令和3年7月に世界保健機関（WHO）と国連児童基金（UNICEF）が発表したWASH（水と衛生）に関する報告書によれば、令和2年時点で、世界では20億人（世界人口の約30%）が安全な水を自宅で入手できない状況にあり、このうち7億7,100万人は基本的な給水サービスすら受けられずにおり、41億人（世界人口の約55%）が安全に管理されたトイレを使用できず、このうち20億人は基本的な衛生サービスすら受けられずにいる。

90　2018年からの10年間でSDGsの水関連目標の達成等を促進することが決議された国連「水の国際行動の10年」の中間レビュー会合。

さらに、食料不足や農村の貧困問題に対しては、効率的かつ持続的に農業用水を利用する必要があるが、多くの新興国の農村コミュニティにおける水管理は、組織・技術の両面で不十分な状況にある一方、経済協力開発機構（OECD）の報告「OECD Environmental Outlook to 2050」によれば、世界の水需要は、製造業、火力発電、生活用水などに起因する需要増により、2050年は2020年と比較して55%程度の増加が見込まれている。

このような世界の水問題の解決に向け、国連において国際目標が定められ、この目標の達成に向けて様々な国際的な議論や取組が行われている。

平成27年9月にニューヨークの国連本部で開催された首脳会合において、「持続可能な開発のための2030アジェンダ」が全会一致で採択され、持続可能な開発目標（SDGs）が定められた。SDGsは、2030年（令和12年）までを期限とし、17の目標と169のターゲットにより構成された、開発途上国及び先進国を含む全ての国が取り組むべき普遍的な国際目標である。

SDGsでは目標6（水・衛生）として「すべての人々の水と衛生の利用可能性と持続可能な管理を確保する」ことが掲げられるとともに、その下に、より具体的な8つのターゲットが定められた。また、SDGsには目標1（貧困）ターゲット1.5[91]や目標11（都市）ターゲット11.5[92]、目標13（気候変動）ターゲット13.1[93]などの災害へのターゲットが盛り込まれたほか、水分野は目標2（飢餓）や目標3（保健）を始めとした、全ての目標に関連した分野横断的な目標となっている。

以上のような状況の中で、世界における水の安定供給、適正な排水処理等を通じた水の安全保障の強化を図るためには、我が国の水循環に関する分野の国際活動を更に強化し、国際機関及びNGO等と連携しつつ、途上国の自助努力を一層効果的に支援する等、世界的な取組に貢献していくことが重要である。

その際、我が国の優れた水関連制度、技術及びそれらのシステムなどの海外展開を行うことは、世界の水問題解決だけでなく、我が国の経済の活性化にも資するものであり、更に推進する必要がある。

1 国際連携

国際的な水問題の解決に向けて我が国は、国連機関・国際機関と連携・協働を図りながら取組を進めてきている。特に、国連「世界水の日」（3月22日）、世界水フォーラム（WWF[94]）、アジア・太平洋水サミット（APWS[95]）、世界かんがいフォーラム（WIF[96]）などの国際会議で、水循環に関わる統合水資源管理、生態系、効率的な水利用、水処理技術、環境保全などの技術や取組の向上に関する情報共有・発信を行ってきている。

令和5年3月には、国連本部において「国連水会議2023」が開催され、水循環に関する我が国の取組等を国際社会へ発信している（**図表38**）。

91　2030年までに、貧困層や脆弱な状況にある人々の強靱性（レジリエンス）を構築し、気候変動に関連する極端な気象現象やその他の経済、社会、環境的ショックや災害に対する暴露や脆弱性を軽減する。
92　2030年までに、貧困層及び脆弱な立場にある人々の保護に焦点をあてながら、水関連災害などの災害による死者や被災者数を大幅に削減し、世界の国内総生産比で直接的経済損失を大幅に減らす。
93　全ての国々において、気候変動関連災害や自然災害に対する強靱性（レジリエンス）及び適応力を強化する。
94　WWF：World Water Forum
95　APWS：Asia-Pacific Water Summit
96　WIF：World Irrigation Forum

図表38 国際的水資源問題に関する議論の流れ

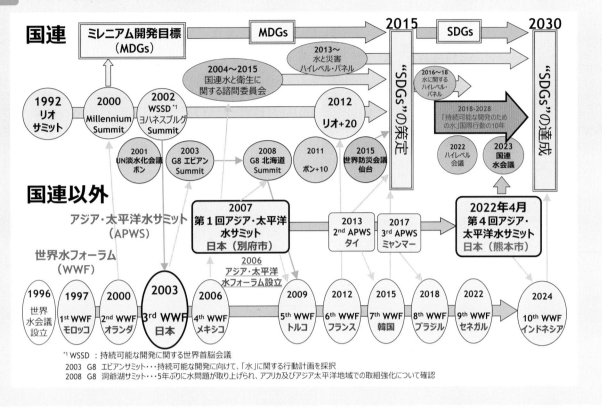

資料）国土交通省

（水循環に関する国際連携の推進）

（ⅰ）第4回アジア・太平洋水サミット

○　令和4年4月に熊本市で開催された第4回アジア・太平洋水サミット[97]は、「国連水会議2023」の地域プロセスに位置付けられ、日本を含む31カ国の首脳級・閣僚級を始め国内外からオンラインも含めて多くの国や地域の代表が参加し、水に関する諸問題の解決に向けた議論がなされた（**写真28**）。

○　開会式には、天皇皇后両陛下がオンラインにて御臨席になり、天皇陛下はおことば[98]を述べられ、記念講演[99]を行われた（**写真29**）。また、岸田総理は日本政府を代表して歓迎の挨拶[100]を行った。その後行われた首脳級会合において、岸田総理から「熊本水イニシアティブ」が発表されるとともに、参加国首脳の決意表明である「熊本宣言」が採択された。また、各国の首脳級・閣僚級やアントニオ・グテーレス国連事務総長を始め、国際機関の長等から水課題解決や質の高い成長に関するステートメント等が述べられた。

○　国土交通省からは、斉藤国土交通大臣、中山国土交通副大臣（当時）、加藤国土交通大臣政務官（当時）が開会式や首脳級会合に出席したほか、各セッション・分科会に登壇し、アジア太平洋地域の水問題の解決に向けた国土交通省の貢献可能な取組などを発信した。

○　特別セッション「ショーケース」において我が国の水循環に関する優れた制度やガバナンス、

97　外務省ウェブサイト　https://www.mofa.go.jp/mofaj/ic/gic/page24_001873.html
　　国土交通省ウェブサイト　https://www.mlit.go.jp/mizukokudo/mizsei/mizukokudo_mizsei_fr2_000034.html
　　アジア・太平洋水フォーラム公式ウェブサイト　https://apwf.org/kumamoto-2022-jp/
98　https://www.kunaicho.go.jp/page/okotoba/detail/90#365
99　https://www.kunaicho.go.jp/page/koen/show/8
100　https://www.kantei.go.jp/jp/101_kishida/actions/202204/23mizusummit.html

流域マネジメントの先進的な取組事例等を発信した。また、水循環を健全に保つことが持続可能性、包摂性、強靱性を有する「質の高い社会」を築く上で極めて重要であることを強調した。

写真28 第4回アジア・太平洋水サミット 首脳級会合冒頭の様子	**写真29** 第4回アジア・太平洋水サミット開会式で おことばを述べられる天皇陛下

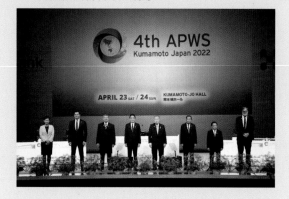

資料）日本水フォーラム　　　　　　　　　　　　　　　　資料）日本水フォーラム

○　サイドイベントとして開催されたシンポジウムにおいて、森林の水源涵養機能や土砂災害防止機能に関する最新の研究成果や民間での取組について紹介し、森林の整備・保全や研究開発の更なる推進、海外や民間との連携の重要性について国内外へ発信した。

○　ハイレベルステートメントにおいて田中明彦国際協力機構（JICA）理事長がJICAによる水・衛生分野の国際貢献実績・展望について発信した。分科会「水供給」をJICAがUN-Habitat、Water Integrity Networkと共催し、サモアにおける我が国の協力の好事例を発信した。分科会「水と衛生／汚水管理」、統合セッション「ガバナンス」及び統合セッション「ファイナンス」に登壇し、我が国の開発協力による取組の実績や方針を発信した。

○　分科会「ユースによるリーダーシップ、イノベーション」においては、ユースの水循環の課題に対する取組事例などが紹介され、サミットの成果である議長サマリーにおいても健全な水循環を回復・維持するため、若者（ユース）と政府間とのパートナーシップを強化することなどが取りまとめられた。

○　本サミットにおいて発表された「熊本水イニシアティブ」に基づき、ダム、農業用用排水施設、水道、衛生施設の整備等を支援する取組や衛星データ供与、人材育成等を関係省庁が連携しながら実施するなど、気候変動適応策・緩和策両面での取組及び基礎的生活環境の改善等に向けた取組を推進した。

（ⅱ）第4回アジア・太平洋水サミットから国連水会議2023へ

○　令和4年7月に国連本部で開催された国連ハイレベル政治フォーラム（HLPF）のサイドイベントにおいて、「熊本水イニシアティブ」を始めとする第4回アジア・太平洋水サミットの成果等を発信した。

○　令和4年8月にスウェーデン（ストックホルム）で開催されたストックホルム世界水週間にオンライン参加し、水循環及びガバナンスのセッションにおいて、健全な水循環に向けた取組や、「熊本水イニシアティブ」を始めとする第4回アジア・太平洋水サミットの成果等を発信した。

○　ストックホルム世界水週間において、統合水資源管理や民間資金動員に関するJICAの協力事例を発信した。

○　令和4年9月にデンマーク（コペンハーゲン）で開催された第12回国際水協会（IWA）世界会議・

展示会に参加し、「熊本水イニシアティブ」を始めとする第4回アジア・太平洋水サミットの成果やダム再生技術を始めとする水資源に関するインフラ関連技術等に関する展示を行った。

○　令和4年9月にオランダ（ハーグ）で開催された第17回OECD水ガバナンス・イニシアティブに参加し、「熊本水イニシアティブ」を始めとする第4回アジア・太平洋水サミットの成果を発信した。

○　令和4年10月にニューヨークの国連本部で開催された国連水会議準備会合において、「熊本水イニシアティブ」に基づく気候変動問題適応策と緩和策の両面での取組の重要性等を発信した。

（iii）国連水会議2023及び第6回国連水と災害に関する特別会合

○　令和5年3月に、第6回国連水と災害に関する特別会合及び、46年ぶりに水に特化して開催された国連会議となる国連水会議2023が国連本部で開催され、約200の国・地域・機関から首脳級20人・閣僚級120人を含む6,700人以上が参加した。国連水会議2023の全体討議では、上川総理特使が日本政府の代表として、気候変動による将来の変化を意識した「バックキャスティング」、グリーン／グレーインフラのバランスなどの重要性を指摘し、日本のコミットメントとして「熊本水イニシアティブ」により技術面、財政面の両方で世界の水問題に貢献していくこと、及び、日本の知見・経験を共有することを通じて、健全な水循環の維持・回復に貢献することを表明した。

○　また、同会議における5つのテーマ別討議の3「気候、強靱性、環境に関する水」の共同議長を、上川総理特使とエジプトのスウィリアム水資源・灌漑（かんがい）大臣が務めた。上川総理特使は、共同議長として、日本の水防災の経験を活かしつつ、多様な水災害の解決に向けた行動プロセスである「アクション・ワークフロー」を提案し、40を超える国と国際機関等から様々な課題、対策、提案が表明され、実際の行動や課題解決につながる形で共同議長提言（**図表39**）を取りまとめた（**写真30**）。

図表39　テーマ別討議「気候、強靱（じん）性、環境に関する水」の共同議長提言要旨

テーマ別討議3「気候、強靱（じん）性、環境に関する水」の共同議長提言
（日本語要旨）

◆水問題の多面性と健全な水循環
- 水、食料、エネルギー、生態系は相互につながっており、**健全な水循環**の維持・回復を通じた水問題の解決が他の問題解決にも寄与
- COP27の成果である**「損失と損害（ロス＆ダメージ）」の実現**に向けた行動

◆科学技術の有効活用、関係者連携、資金確保
- 科学技術に基づいた**信頼できるデータ・リスク評価の提供**及び**情報の見える化**
- 気候変動適応策・緩和策両面に資する**マルチベネフィットの取組**、**グリーンインフラ**と**グレーインフラ**の調和
- 生態系勘定等の手法も用い、金融市場の支持も得た**効果的な資金調達**
- 正確な観測・予測に基づく**早期警戒システムの整備・運営**

◆統合的なアプローチ
- 行政と市民が**防災の自覚を高め**、備えと情報共有の強化
- **統合水資源管理**と他のアプローチ（防災や生態系保全など）との連携
- **マルチステークホルダーの連携・協力を促進する協議会等**の設立と行政の支援
- **ファシリテーター**（現場で幅広い知見を用いて問題解決に導く人材）等の人材育成
- 観測、モデリング、データ統合に焦点を当てた**学際的な「知の統合」**の促進

水問題に対処するためのコミットメント
- 気候変動・生態系等の締約国会議を統合的に運用する**「Inter-COP」の追求**
- **「地球規模水情報システム」の整備**
- **「アクション・ワークフロー」**に沿って**現場の多様な環境に即した課題解決**を提案

資料）国土交通省

| 写真 30 | 国連水会議 2023 全体討議における上川総理特使によるテーマ別討議「気候、強靱性、環境に関する水」の共同議長報告（エジプト水資源・灌漑大臣と共同で実施） |

資料）国土交通省

○　国連水会議 2023 の前日に、第6回国連水と災害に関する特別会合が国連本部にて開催された。同会合の全体会合においては、天皇陛下より、水循環を通じた社会の発展に関する御講演「巡る水」をビデオにて賜った（写真 31）。

○　同会合において、各国閣僚級の参加者による「水・災害リスク軽減」をテーマとしたハイレベルパネルディスカッションに上川総理特使が出席し、パラダイムシフトの必要性を強調したほか、令和4年4月に熊本市で開催された第4回アジア・太平洋水サミットで日本政府が発表した「熊本水イニシアティブ」を引用しつつ、リスク評価や複合的な便益を持つ対策の重要性を訴えた。

○　同会合の科学技術パネル『ショーケース』において、アジア（熊本市）、アフリカ（マラウィ）及びラテンアメリカ（ホンジュラス）における、水と災害管理に関する取組が紹介され、上川総理特使は、それらの取組を踏まえ、知の統合の必要性、ファシリテーターの有用性、多様な分野の関係者による協力の重要性などについてコメントを行った。

写真31　第6回 国連水と災害に関する特別会合における天皇陛下御講演「巡る水」（ビデオ）

資料）国土交通省

（iv）上述以外の国際連携の取組

○　水・衛生分野の主要な援助国として、我が国の経験、知見、技術を活用して、「質の高い」支援を追求しており、SDGsにおける目標6（水・衛生）、目標11（都市）及び目標3（保健）を中心とした水分野の目標の達成に向け、開発途上国の水道事業体の成長支援、質の高い衛生施設の整備促進等を進めた。その貢献実績を、令和4年4月に熊本市で開催された第4回アジア・太平洋水サミット、令和4年11月にインドネシアで開催された第20回「水と災害に関するハイレベルパネル（HELP）」会合、令和5年2月にオンラインで開催されたJICAクリーン・シティ・イニシアティブ国際セミナー、令和5年3月にニューヨークで開催された国連水会議2023等で国際社会と共有した。また、国連機関、国際機関、その他の支援機関、NGO等と連携しつつ、各種支援における好事例を共有する等、水循環に関する国際連携を推進した。

○　令和4年9月にデンマークで開催された「国際水協会（IWA）世界会議」において、日本の水資源管理の経験やJICAの水供給分野の協力事例を発信した。

○　アジア河川流域機関ネットワーク（NARBO）は、統合水資源管理の促進のため、アジア各国の河川流域機関、政府組織、国際機関等から構成されるメンバー間で能力開発と情報交換を行っている。令和4年は4月と11月に開催された「水と災害に関するハイレベルパネル（HELP）」会合において委員であるNARBOのイマム議長がNARBOの取組やインドネシアにおける統合水資源管理の推進に関する取組について情報発信を行った。活動や発信内容についてニュースレターやNARBOウェブサイトを通じメンバーに共有された。

○　令和4年4月に熊本において第17回アジア水環境パートナーシップ（WEPA[101]）年次会合を開

---

101 WEPA：Water Environment Partnership in Asia

催し、参加国における水環境管理に関する情報の共有を行うとともに、規制の遵守をテーマに情報共有や意見交換を実施した。また、令和５年２月にカンボジアにおいて第18回WEPA年次会合・ワークショップを開催し、参加国における水環境管理に関する情報の共有を行うとともに、規制の遵守をテーマに情報共有や意見交換を実施した。

○　令和４年10月に開催された国際かんがい排水委員会（ICID）の第73回国際執行理事会において、我が国の３施設が世界かんがい施設遺産（WHIS）に新たに登録された**（写真32）**。これにより、累計登録数は17カ国142施設（うち日本47施設）となった。

写真 32

世界かんがい施設遺産登録施設（令和４年度登録）

寺谷用水（静岡県）

香貫用水（静岡県）

井川用水（大阪府）

資料）農林水産省

○　令和４年６月に欧州水協会（EWA）が主催したシンポジウムにおいて、自治体が汚泥集約処理による効率化技術を、日本企業が汚泥焼却灰からのりん回収に関する新技術を世界に発信した。同年10月に米国水環境連盟（WEF）が主催した会議（WEFTEC2022）において、自治体が不明水調査技術を、日本企業が下水汚泥に関する新技術を世界に発信するとともに、日本下水道協会がワークショップを主催し、自治体職員３名がそれぞれ、下水中のコロナウイルス検出の取組、下水中のマイクロプラスチック検出技術改良の取組、水処理反応槽のばっ気装置の省エネの新技術を発信した。同年11月に日本下水道協会（JSWA）がWEF及びEWAと共催した会議（第７回JSWA/EWA/WEF特別会議）において、官学より15件の日本技術の発信があった。

○　WHO、国際水協会（IWA [102]）、国立保健医療科学院のメンバーで構成され、開発途上国の水道及び衛生サービスの運用・維持改善への貢献を目的に情報発信を行うワーキンググループ「水供給に関する運用と管理ネットワーク（OMN [103]）」に対し、平成10年度から活動資金を拠出してきた。令和４年度において、OMNは水道施設維持管理促進プロジェクト、飲料水水質ガイドラインに関連する報告書の作成及び小規模飲料水供給ガイドライン改正に関する活動に寄与した。

---

102 IWA：International Water Association
103 OMN：Operation & Maintenance Network

○　世界の湖沼環境の健全な管理とこれと調和した持続的開発の取組を推進するため、国際湖沼環境委員会（ILEC [104]）、国連環境計画（UNEP）及び滋賀県立琵琶湖博物館が主催する国際シンポジウム 2022（令和 4 年 10 月 15 日開催）において、我が国の湖沼・水環境に係る教育・法制度について情報発信を行った。

（国際目標等の設定・達成への貢献）

○　国際連合大学と協力し、持続可能な社会を実現する汚水処理システムの確立に向けて、アジア水環境パートナーシップ（WEPA）パートナー国等との連携により、地域特性に応じた汚水処理システムの最適化、分散型処理技術の選択、そのために必要となる法制度等について検討した。

○　HELP が主催した「水と災害に関するハイレベルパネル」の第 19 回（令和 4 年 4 月熊本）・20 回会合（令和 4 年 11 月インドネシア）、「気候変動と災害等に関する G20 特別会合（令和 4 年 11 月インドネシア）」及び「第 6 回国連水と災害に関する特別会合（令和 5 年 3 月ニューヨーク）」に参加し、水災害に関する日本の取組について発信するとともに、各機関からの取組状況の報告に加え、今年発生した水災害を踏まえた被害状況について議論した。令和 5 年 3 月に国連で開催された「第 6 回国連水と災害に関する特別会合」において、天皇陛下より、水循環を通じた社会の発展に関する御講演「巡る水」をビデオにて賜った。

○　令和 4 年 5 月にインドネシアで開催された「第 7 回防災グローバルプラットフォーム会合」に出席し、水災害に関する日本の取組について発信した。

○　令和 4 年 6 月にタジキスタンで開催された「第 2 回水の 10 年国際ハイレベル会合」に出席し、水災害に関する日本の取組について発信した。

○　平成 30 年からの 10 年間で SDGs の水関連目標の達成等を促進することが決議された国連「水の国際行動の 10 年」の中間レビュー会合として、令和 5 年 3 月に国連本部で開催された「国連水会議 2023」の全体討議では、日本のコミットメントとして「熊本水イニシアティブ」により世界の水問題に貢献していくこと、日本の知見・経験を共有することを通じて健全な水循環の維持・回復に貢献することを表明した。また、5 つのテーマ別討議のうち「気候、強靱性、環境に関する水」では、共同議長として、議論を主導し、日本の水防災の経験を活かし、世界における水分野の強靱化に向けた共同議長提言を取りまとめた。

○　平成 27 年 9 月に国連サミットで採択された「持続可能な開発のための 2030 アジェンダ」を受けて策定した「持続可能な開発目標（SDGs）実施指針改定版（令和元年 12 月）」において、「SDGsアクションプラン」の策定と 8 つの優先課題が掲げられており、「SDGs アクションプラン 2023（令和 5 年 3 月）」においては、途上国の「質の高い成長」を実現するには水道等の質の高いインフラの整備が不可欠であり、それぞれの国・地域の経済・開発戦略に沿った形で、「質の高いインフラ投資に関する G20 原則」を踏まえた質の高いインフラ投資を官民一体となって引き続き積極的に支援していくことや、第 4 回アジア・太平洋水サミットで発表された「熊本水イニシアティブ」に基づく取組を推進する等の方針を示した。

---

104 ILEC：International Lake Environment Committee

2 国際協力

　我が国の開発協力を踏まえつつ、国際連合、国際援助機関、各国等と協力し、我が国の技術・人材・規格等の活用にも取り組んできている。特に、アジア水環境パートナーシップ（WEPA）、世界銀行（WB[105]）、アジア開発銀行（ADB[106]）、東アジア・ASEAN経済研究センター（ERIA[107]）等と協力して各国の水資源開発・管理のガバナンス・技術・能力向上に貢献してきている。

（我が国の開発協力の活用）

○　「開発協力大綱（平成27年2月10日閣議決定）」を踏まえ、我が国の優れた技術を活用し、健全な水循環の推進を目指し、開発途上国の都市部と村落部においてそれぞれのニーズに合った形で、インフラ整備やインフラ維持管理能力の向上等、ハード・ソフト両面での支援を実施した。

（我が国の技術・人材・規格等の活用）

○　JICAにおいて、資金協力による給水施設整備を実施するとともに、アクセス、給水時間、水質等の改善や水道事業体の経営改善に係る支援として、40件以上の技術協力を実施した。また、新型コロナウイルス感染症の拡大に対応し、水道サービスの継続に必要な薬品等の調達、事業継続計画の策定、手洗い設備の設置や市民への啓発活動などの支援を2020年度から継続しており、2022年度は25か国以上で迅速に展開した。

○　地域の水をめぐる課題を解決するため、我が国の技術やノウハウを活かして、インドネシア、ボリビア、スーダン等において、統合水資源管理の推進に係る4件の技術協力を実施した。

○　JICAは、下水道、水質管理分野では11件の技術協力を実施中であり、うち2件は新規立ち上げ案件（モンゴル、インド）である。加えて、9件の有償資金協力と3件の無償資金協力を実施中で、うち無償資金協力の1件は新規（パキスタン）である。

○　令和4年から開始したユネスコ政府間水文学計画（Intergovernmental Hydrological Programme; IHP[108]）第9期戦略計画（IHP-IX：令和4年〜令和11年）の運営実施のために設置されたテーマ別作業部会に、日本ユネスコ国内委員会IHP分科会委員を中心に多くの日本人専門家が参加しているほか、そのうちの一つで日本人専門家が議長を務めるなど、IHPの国際的な議論において人的・知的貢献を果たしている。

○　ユネスコ地球規模の課題の解決のための科学事業信託基金拠出金事業により、水文学分野に関する各種ウェビナーやオンラインワークショップ、共同調査研究などの実施を通じて、アジア太平洋地域における能力開発・人材育成及び地域ネットワーク形成を図った。

○　経済成長に伴う環境汚染が深刻なアジアの開発途上国において水質汚濁対策及び気候変動緩和対策を効果的に促進するため、インドネシアの中央・地方行政官、現場技術者及び研究者を対象としたコベネフィット型環境対策[109]に関するオンラインワークショップを開催した。コベネフィット型排水処理ガイドライン（報告書及び動画）等を通じて、同国関係者の能力強化に貢献した。

○　アジア水環境パートナーシップ（WEPA）参加国の要請に基づく水環境改善プログラムとして、カンボジアにおける汚濁負荷量把握能力の向上やラオスにおける生活排水対策の促進等についての支援を行った。

---

105 WB：World Bank
106 ADB：Asian Development Bank
107 ERIA：Economic Research Institute for ASEAN and East Asia
108 ユネスコ政府間水文学計画（Intergovernmental Hydrological Programme）は、令和元年11月の第40回ユネスコ総会において、国際水文学計画（International Hydrological Programme）から改称。
109 環境汚染物質と温室効果ガスの同時削減に資する環境対策。

○　SDGsターゲット6.3の達成に貢献することを目的として国土交通省及び環境省が設立したアジア汚水管理パートナーシップ（AWaP）の協力枠組みを通じて、アジアにおける汚水管理の意識向上を図るとともに、各国の汚水管理の状況や課題を共有してきた。令和3年8月に開催した第2回AWaP総会では、アジア諸国における汚水管理の共通課題を共有し、課題解決に向けた今後の活動計画を議論した。令和4年度は、令和5年度の第3回AWaP総会に向けた開催準備を行った。

○　アジア地域等の発展途上国における公衆衛生の向上、水環境の保全を目的として、「第11回アジアにおける分散型汚水処理に関するワークショップ」をウェブ開催した。テーマとして分散型汚水処理の大きな課題の1つである生活雑排水処理にフォーカスし、生活雑排水を適正に処理することの重要性や有益性、処理施設普及拡大のための法制度上の対策や地方自治体の取組事例等を発表し議論を重ねることで今後の方向性や解決に向けての改善策に関して共通認識を得た。これにより、浄化槽を始めとした分散型汚水処理に関する情報発信と各国分散型汚水処理関係者との連携強化を図った。

○　農業用水管理を実施している我が国の土地改良区の活動を参考に、開発途上国における効率的かつ持続的な水利用を図るため、政府開発援助を通じた農業従事者参加型水管理に係る技術協力を行った。また、効率的な水利用及び農作物の安定供給のための水管理システム構築に向け、遠隔監視機器を活用した用水管理の高度化に関する課題把握と実証調査を行った（**写真33**）。

写真33　農業用水の水利用効率改善に向けた取組

①用水路からの漏水を軽減する水利用効率改善対策（水路目地のモルタルによる補修）

②トラクタと鎮圧ローラーでの施工による水田ほ場漏水対策

③遠隔監視機器を活用したダムの取水管理の高度化に関する実証調査を実施

資料）農林水産省

○　開発途上国における森林の減少及び劣化の抑制並びに持続可能な森林経営を推進するため、民間企業等の森林づくり活動において貢献度を可視化する手法の検討及び民間企業等の知見・技術を活用した開発途上国の森林保全・資源利活用の促進を行った。また、民間企業等の海外展開の推進に向け、途上国の防災・減災に資する森林技術を適用する手法を開発するとともに、我が国の森林技術者の育成を実施した。

○　国立研究開発法人土木研究所水災害・リスクマネジメント国際センター（ICHARM）では、水エネルギー収支型降雨流出氾濫解析モデル（WEB-RRI）、降雨流出氾濫モデル（RRI）などのモデル開発や、リスクマネジメントの研究、人材育成プログラムの実施、国連教育科学文化機関

（UNESCO）やWBのプロジェクトへの参画、国際洪水イニシアティブ（IFI）事務局の活動等を通じ、水災害に脆弱な国・地域を対象にした技術協力・国際支援を実施した。令和４年度は、第４回アジア・太平洋水サミットにおいて、分科会や特別セッションの企画・運営等を担当するとともに、第９回洪水管理国際会議（ICFM9）を主催するなど、水防災の主流化や国際的な水分野のネットワーク強化に貢献した。また、京都大学等と連携して、令和４年度から文部科学省「気候変動予測先端研究プログラム」に参画し、フィリピンにおける水循環モデル構築等に着手した。

3　水ビジネスの海外展開

今後、アジア地域の新興国を中心としてインフラ整備の膨大な需要が見込まれている中、政府が推進しているインフラシステムの海外展開は、我が国経済の成長戦略にとどまらず、相手国の持続可能な発展にも貢献するなど、我が国と相手国の相互に大きな効果が期待できる。

世界のインフラ整備の需要を取り込むことは、我が国の経済成長にとって大きな意義を有している。政府においては我が国の企業によるインフラシステムの海外展開を支援するとともに、戦略的かつ効率的な実施を図るため、平成25年３月に「経協インフラ戦略会議」を開催し、関係閣僚が政府として取り組むべき政策を議論した上で、「インフラシステム輸出戦略」を取りまとめた。その

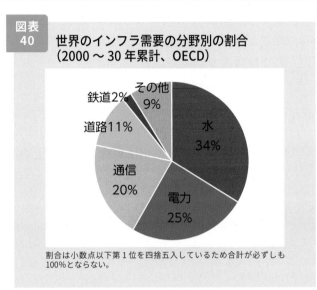

図表40　世界のインフラ需要の分野別の割合（2000〜30年累計、OECD）

その他 9%
鉄道2%
道路11%
通信 20%
電力 25%
水 34%

割合は小数点以下第１位を四捨五入しているため合計が必ずしも100%とならない。

資料）経協インフラ戦略会議

後、令和２年12月の経協インフラ戦略会議において、令和３年以降のインフラ海外展開の方向性を示すため、今後５年間を見据え新たな目標を掲げた「インフラシステム海外展開戦略2025」を策定した。本戦略では、「カーボンニュートラル、デジタル変革への対応等を通じた、産業競争力の向上による経済成長の実現」、「展開国の社会課題解決・SDGsへの貢献」及び「質の高いインフラの海外展開の推進を通じた、「自由で開かれたインド太平洋」の実現等の外交課題への対応」の３本柱を目的に、令和７年（2025年）における我が国の企業のインフラシステム受注額の目標（KPI[110]）を34兆円とし、更なる海外展開の推進に取り組むこととしている。

世界のインフラ需要について分野別に見ると、水に関わる分野が最も多く34%を占めており、今後も、人口増加や都市化の進展、今般の世界的な新型コロナウイルス感染症の感染拡大への対応による公衆衛生分野のニーズの高まりなど、更なる市場の拡大が見込まれている（図表40）。

他方で、水インフラの開発や整備は相手国政府の影響力が強く、交渉に当たっては我が国側も公的な信用力等を求められるなど、特に案件形成の川上段階において、民間事業者のみでの対応は困難である。このような課題に対応するため、平成30年８月31日、「海外社会資本事業への我が国事業者の参入の促進に関する法律（平成30年法律第40号）」（「海外インフラ展開法」）が施行された。「海外インフラ展開法」においては、国土交通分野の海外のインフラ事業について我が国事業者の参入を促進するため、国土交通省所管の独立行政法人等に公的機関としての中立性や交渉力、さらに国内業務を通じて蓄積してきた技術やノウハウを活かして必要となる海外業務を行わせるとともに、官民一体となったインフラシステムの海外展開を強力に推進する体制を構築することとされている。

---

110 KPI：Key Performance Indicator

（水ビジネスの海外展開支援）

○　本邦優位技術である推進工法について、令和3年度に作成したベトナム版推進工法基準の第6版を2国間会議の中で説明し、引き渡した。また、インドネシアでは、バンドン工科大学において、推進工法に関するセミナーを産学官で一体となって開催し、我が国の下水道技術に対する理解醸成を図った。

○　我が国の水道産業の海外展開を支援するため、アジア諸国を対象として、平成20年度から水道産業の国際展開推進事業を実施しており、令和4年度は、フィリピン及びカンボジアを対象国とし、我が国の民間企業及び水道事業者等が参加する技術セミナーを実施した。

○　下水道分野において、ベトナムとカンボジアで、2国間会議に併せて技術セミナーを開催し、相手国政府高官に本邦技術を紹介して、官民連携した理解醸成を図った。ベトナム、インドネシア及びカンボジアを対象にJICA専門家を派遣し、法制度の整備等を支援した。また、下水道施設を適切に運営管理するため、JICA草の根技術協力事業により、我が国の地方公共団体が途上国に対して、運営管理等に関する人材育成支援を行った。

○　JICAが実施する研修員受入事業のうち課題別研修「上水道施設技術総合：水道基本計画設計（A）」や「水道管理行政」等において、26か国の研修員に対し、我が国の水道行政や水道技術等を説明するプレゼンテーションを対面やオンラインで実施した。

○　我が国の企業の海外展開を促進するため、海外におけるインフラ事業の基本計画の立案や採算性の確認等を行う案件発掘調査を実施しており、令和4年度は、下水道分野の案件発掘調査をベトナム、フィリピン、カンボジア等で実施した。

○　我が国の企業の海外展開のため、国立研究開発法人新エネルギー・産業技術総合開発機構（NEDO）のエネルギー消費の効率化等に資する我が国技術の国際実証事業を活用し、日本の技術の商用化に取り組んでいる。令和4年度はサウジアラビア（2件）、タイ及びアメリカの3か国で実施した。

○　個別の水道プロジェクトの案件形成を支援するため、平成23年度から、我が国の民間企業と水道事業者等が共同で実施する案件発掘・形成調査を実施しており、令和4年度は、フィリピンを対象国として調査を実施した。

○　我が国の企業が環境技術を活かして海外水ビジネス市場へ参入することを支援するため、アジア水環境改善モデル事業において、令和3年度からの継続案件（ラオス、ベトナム）の現地実証試験等を実施したほか、新たに公募で選定された新規案件（ベトナム2件）の事業実施可能性調査を実施した。

○　我が国の優位技術の国際競争力の向上等を図るため、我が国の水分野に係る技術が適正に評価されるような国際標準の策定を推進した。
　　具体的には、国際標準化機構（ISO）専門委員会（TC）282（水の再利用）において、令和4年に再生水処理技術ガイドライン（ISO 20468）の規格が新たに1件発行され（「LCC評価[111]」）、再生水処理技術に関する規格が充実した。

○　二国間協力関係を強化するとともに、相手国の防災に関する課題（ニーズ）と我が国の防災の技術（シーズ）のマッチング等を行う国際ワークショップ（防災協働対話等）をベトナム、フィリピン及びインドネシアと実施した。各国との意見交換を通じて、相手国の防災課題を把握するとともに、「熊本水イニシアティブ」を踏まえたダム再生等の気候変動適応策・緩和策を両立するハイブリッド技術等を活用した防災インフラの海外展開を推進するため、日本の取組について説明した。

○　水資源分野の海外展開を促進するため、アジア地域を対象にダム再生事業の案件発掘・形成調査や相手国との協議を官民連携により実施した。

---

111 LCC：Life Cycle Cost

第10章 | 水循環に関わる人材の育成

　健全な水循環を維持又は回復するための施策を推進していく上で、全ての基礎となるのが人材育成である。例えば、我が国の水管理・供給・処理サービスには、ダムの統合管理、世界でもトップクラスの低い漏水率を誇る水道管の漏水対策技術、膜処理技術を用いた海水淡水化技術など、最新の高度な技術だけでなく、農業用水や生活用水を適切に管理するため、長年にわたる運用の中で営々と蓄積されてきた技術にも特筆すべきものがあり、それらは今後とも更に実務上の経験を積み重ねた上で次世代へ継承することによって初めて維持されるものである。

　しかしながら、今後、人口規模などの社会構造が変化する中、健全な水循環を維持又は回復するための施策を推進していく上で必要となる水インフラの運営、維持管理・更新、調査・研究、技術開発など各分野の人材が不足し、それに伴い、適切な管理水準を確保できなくなることが懸念される。

　平成7（1995）年から令和2（2020）年の約25年間で地方公共団体全体の職員数は約16%減少しているが、水道関係職員数（上水道事業及び簡易水道事業における職員数の合計）に限って見ればそれを上回る約34%の減少、下水道関係職員数も約41%の減少となっており、施設の維持管理を担当する技術職員がいない又は不足している地方公共団体も既に現れている。特に、給水人口1万人未満の小規模事業体では、平均職員数2〜5人で水道事業を運営するという厳しい現実に直面している。また、高い技術力を持った経験豊かな技術職員の退職等に伴い、技術の継承が不十分な状況にあることが懸念される（**図表41、42**）。

　このため、水インフラの運営や維持管理・更新に関する知見を集約するとともに、水循環に係る技術力を適正に評価するための資格制度の充実や技術力の向上等を図るための研修等を行うことが必要である。

　また、技術の高度化・統合化に伴い、水インフラの維持管理・更新などの水循環に関する施策に従事する者に求められる資質・能力もますます高度化・多様化していることから、科学技術の研究者やその技術・情報を使いこなす実務者の育成が重要である。

　人材育成は水循環に関する各分野共通の課題であるため、分野横断的に産学官民・国内外の垣根を越えた人材の循環や交流を促進し、より広範な視点での人材の育成を積極的に推進する必要がある。

図表41　水道・下水道事業に従事する職員数の推移

資料）（公社）日本水道協会「水道統計」と総務省「地方公共団体定員管理調査結果」を基に内閣官房水循環政策本部事務局作成

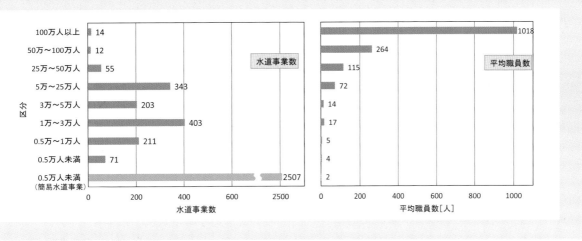

図表42 水道事業体の給水人口規模別の平均職員数（令和2年度）

資料）（公社）日本水道協会「水道統計」を基に内閣官房水循環政策本部事務局作成

1 産学官民が連携した人材育成と国際人的交流

（産学官民が連携した人材育成）

○ 水循環に関する研修、説明会、シンポジウム等の開催やアドバイザーの派遣により、水循環に関係する人材の育成・確保を推進した。

○ 工業用水道事業に関わる地方公共団体等の職員に対し、工業用水道事業に対する基本的な考え方や政策の方向性、災害発生時の緊急時の対応等を含めた工業用水道事業全体を効率的に理解し、業務処理能力を向上させることを目的とした研修を実施した。

○ オンラインも活用しながら水道の基盤強化に関する会議等を開催し、地域の水道行政担当者や水道事業者等と情報・課題の共有を図ることで、水道の基盤強化に向けて技術力の向上を推進した。

○ 水道事業者等が有する水道に関する設備・機器に係る情報や事務系システムが取り扱うデータを横断的かつ柔軟に利活用できる仕組みである「水道情報活用システム」について、同システムを導入する事業者に対し生活基盤施設耐震化等交付金による支援を行った。また、同システムの導入を検討している水道事業者等を対象とした説明会の開催等により、水道事業者等による同システムの導入検討を支援した。【再掲】第8章（水の有効活用に関する科学技術）

○ 「環境教育等による環境保全の取組の促進に関する法律」に基づく人材育成事業・人材認定事業に登録された森林における体験活動の指導等を行う森林インストラクターなどの資格について、林野庁ウェブサイト等を通じて、制度の周知を促進した。【再掲】第6章（人材育成及び団体支援制度の活用）

○ 民間企業等の海外展開の推進に向け、途上国の防災・減災に資する森林技術を適用する手法を開発するとともに、我が国の森林技術者の育成を実施した。

○ 農業従事者参加により農業用水管理を実施している我が国の土地改良区の活動に着目し、開発途上国における効率的かつ持続的な水利用を図るため、政府開発援助を通じた農業従事者参加型水管理に係る技術協力の支援を行った。また、効率的な水利用及び農作物の安定供給のための水管理システムのハード技術（計測機器、遠隔操作機等）とソフト技術（農業用水管理）の海外展開に向けた調査を行った。

○ 気象庁退職者に気象防災アドバイザーを委嘱するとともに、気象予報士に対して研修を実施し、自治体で即戦力となる気象防災アドバイザーを全国各地に育成し、地域偏在の解消を進めた。また、

自治体トップに直接働き掛ける等により自治体への周知・普及に一層取り組むとともに、多様な研修や訓練を通じ、防災業務に精通した自治体職員の育成を後押しした。

○　第4回アジア・太平洋水サミットの開催を契機とした人材育成・啓発プログラム「ユース水フォーラム」の一環として、令和5年2月に日本水フォーラムが主催し政府が後援したシンポジウム「水未来会議2023 世代を超えて考える水問題の未来」がユース参加の下で開催され、世代間の連携による水問題の解決に向けた「水未来会議からのメッセージ」が取りまとめられた。

（国際人的交流）

○　下水道分野において、ベトナム、インドネシア及びカンボジアを対象にJICA専門家を派遣し、法制度の整備等を支援した。また、下水道施設を適切に運営管理するため、JICA草の根技術協力事業により、我が国の地方公共団体が途上国に対して、運営管理等に関する人材育成支援を行った。

○　令和4年8月にスウェーデンで開催された「ストックホルム水週間」に参加し、アジア開発銀行、世界水パートナーシップ（GWP）、世界気象機関など様々な国際機関と人的交流を行うとともに、HELPが主催した水防災に関するセッションにおいて水災害に関する日本の取組について発信した。

○　令和5年2月につくば市で開催された「第9回洪水管理国際会議」に出席し、水災害に関する日本の取組について発信した。

○　令和4年8月に米国陸軍工兵隊と技術交流会議を実施し、水防災及び河川生態系保全に関する最新の技術的知見を交換するとともに、日米でベトナムに対して第三国技術協力を行うための協議を行った。

○　令和4年10月に南アフリカ共和国水・衛生省と技術交流会議を実施し、水防災に関する両国の課題や取組について知見を交換した。

○　JICAが実施する研修員受入事業のうち課題別研修「上水道施設技術総合：水道基本計画設計（A）」や「水道管理行政」等において、26か国の研修員に対し、我が国の水道行政や水道技術等を説明するプレゼンテーションを対面やオンラインで実施した。【再掲】第9章3（水ビジネスの海外展開支援）

○　世界水パートナーシップ（GWP）のテクニカル・コミッティに平成30年からJICAが参加しており、令和4年度も引き続き同コミッティの会合に参加するなど、統合水資源管理分野における交流を行った。

○　下水道のみならず分散型汚水処理も含めた安全な衛生施設へのアクセスを広めるコンセプトである Citywide Inclusive Sanitation（CWIS）に関し、JICAにてアジア開発銀行研究所（ADBI）及び東洋大学と協力し、途上国行政職員向け研修を通し人材育成を行った。

参考：ウェブサイト等の紹介

水循環に関係するウェブサイトを紹介しますので是非ご活用ください。

令和5年版 水循環白書 参考資料 ウェブサイト（PDF ダウンロード）

(https://www.kantei.go.jp/jp/singi/mizu_junkan/pdf/r05_sankou_siryou.pdf)

水循環施策等に関する基礎的な情報をまとめています。

第1章 水循環とその実態	第2章 水循環施策と関連法令等
1 人が使える水の希少性	1 我が国における水循環に関する施策のはじまり
2 循環する水	2 水循環基本法
3 我が国の水循環の実態	3 水循環基本計画
4 これからの水を取り巻く環境の変化	4 流域連携の推進等
	5 地下水関連法令及び対策等

内閣官房水循環政策本部事務局ウェブサイト

(https://www.cas.go.jp/jp/seisaku/mizu_junkan/index.html)

水循環基本法に関する各種会議の開催情報から、「水の日に関する行事等」や、本事務局で作成している「流域マネジメントの手引き」等の幅広い情報を発信しています。

○「水の日に関する行事等」

(https://www.cas.go.jp/jp/seisaku/mizu_junkan/event/mizunohi.html)

水循環基本法は8月1日を「水の日」と定めており、水循環政策本部等が主催している水の日に関する行事・イベントについて実施状況等をお知らせしています。

○「水循環白書」

(https://www.cas.go.jp/jp/seisaku/mizu_junkan/materials/materials/white_paper.html)

水循環の現状と課題、水循環基本計画に盛り込まれた施策の取組状況を報告しています。本ウェブサイトは過去の白書についても取りまとめています。

○「流域マネジメントの手引き」

(https://www.cas.go.jp/jp/seisaku/mizu_junkan/materials/materials/guide_river-basin.html)

地域における流域水循環協議会の設置や流域水循環計画の策定等を解説しています。

○「流域マネジメントの事例集」

(https://www.cas.go.jp/jp/seisaku/mizu_junkan/materials/materials/case_studies.html)

流域マネジメントに取り組む際の参考となる先進的な取組事例を紹介しています。

○「地下水マネジメントの手順書」

(https://www.cas.go.jp/jp/seisaku/mizu_junkan/materials/materials/groundwater.html)

地下水マネジメントの基礎的知識や取り組む際の実践的なノウハウを解説しています。

○「地下水マネジメント推進プラットフォーム」

(https://www.cas.go.jp/jp/seisaku/gmpp/index.html)

地下水マネジメントに取り組む地方公共団体等を一元的に支援するため開設しています。

支援窓口

(https://www.cas.go.jp/jp/seisaku/mizu_junkan/support/contact.html)

水循環施策への支援については窓口を設けていますのでご活用ください。

日本の水資源の現況 （国土交通省 水管理・国土保全局 水資源部ウェブサイト）

(https://www.mlit.go.jp/mizukokudo/mizsei/mizukokudo_mizsei_tk2_000039.html)

日本の水需給や水資源開発の現状、今後早急に対応すべき水資源に関わる課題等について総合的に取りまとめています。

表紙の写真

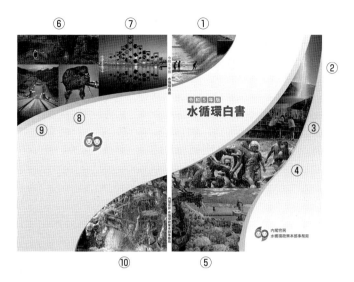

「第37回 水とのふれあいフォトコンテスト」
①入選 「堰に憩う」 能登 正俊
②佳作 「水龍出現」 川島 美弥
③佳作 「夏休み」 栞原 達夫
④特選 「泥まみれの休日」 田中 雅之
⑤国土交通大臣賞 「水を飲みたいな」 伊達 兼敏
⑥審査員特別賞 「水車小屋で！」 井上 勉
⑦東京都知事賞 「風媒銀乱」 岡本 洋三
⑧水の週間実行委員会会長賞 「猛暑日」 長 吉秀
⑨独立行政法人水資源機構理事長賞 「放流」 澤井 祥憲
⑩佳作 「間々田のジャガマイタ」 森田 栄一

令和5年版　水循環白書

令和5年7月21日　発行

編　　集	内閣官房 水循環政策本部事務局	〒100-8918 東京都千代田区霞が関2－1－3 TEL 03（5253）8389
発　　行	株式会社サンワ	〒102-0072 東京都千代田区飯田橋2－11－8 TEL 03（3265）1816
発　　売	全国官報販売協同組合	〒100-0013 東京都千代田区霞が関1－4－1 TEL 03（5512）7400

ISBN978-4-9909712-8-1